献给所有选择超越平凡、敢于追求梦想的人

胜兵先胜而后求战，败兵先战而后求胜。

——《孙子兵法》

自信力

来自西点军校的自信训练课

[美] 纳撒尼尔·津瑟（Nathaniel Zinsser）著

林思语 译

有时候，除了全然的自信，别无选择。

THE
CONFIDENT MIND

中信出版集团 | 北京

图书在版编目（CIP）数据

自信力 /（美）纳撒尼尔·津瑟著；林思语译 . --
北京：中信出版社，2023.3
书名原文：The Confident Mind
ISBN 978-7-5217-5304-2

Ⅰ. ①自… Ⅱ. ①纳… ②林… Ⅲ. ①自信心－通俗
读物 Ⅳ. ① B848.4-49

中国国家版本馆 CIP 数据核字（2023）第 023081 号

自信力

著者： ［美］纳撒尼尔·津瑟
译者： 林思语
出版发行：中信出版集团股份有限公司
（北京市朝阳区东三环北路 27 号嘉铭中心 邮编 100020）
承印者： 宝蕾元仁浩（天津）印刷有限公司

开本：880mm×1230mm 1/32 印张：11 字数：170 千字
版次：2023 年 3 月第 1 版 印次：2023 年 3 月第 1 次印刷
京权图字：01-2021-6992 书号：ISBN 978-7-5217-5304-2
定价：59.00 元

目录

前言

2011年8月17日，在结束了巨人训练营的训练后，纽约巨人队四分卫伊莱·曼宁接受了美国娱乐与体育电视台的现场采访。当被问及他是否是一名位列"前十、前五"的四分卫时，曼宁说："是的，我认为我是。"接着，记者又向他抛出了一个更明确的问题：是否和新英格兰爱国者队的四分卫汤姆·布雷迪处于相同水平？曼宁停顿了一下，然后说："是的，我想我和他属于同一级别……汤姆·布雷迪是一名伟大的四分卫。"

曼宁的声明在媒体中引发了轩然大波。专栏作家和博主们花费了大量的笔墨来阐述曼宁的观点是多么荒诞无稽。从履历上看，曼宁只获得过1次"超级碗"冠军以及1次"最有价值球员"奖，仅参加过2次"职业碗"；而布雷迪参加过6次"职业碗"，拿过3次冠军、2次职业橄榄球大联盟（National Football League，以下简称NFL）"最有价值球员"奖。曼宁怎么能把自己和布雷迪相提并论呢？布雷迪在 2010 赛季中表现出色，送出 36 次达阵传球，仅 4 次被抄截，而曼宁则被抄截高达 25 次。曼宁怎么能认为自己可以和布雷迪齐名呢？

这个问题的答案直指人类表现的核心：伊莱·曼宁相信他和联盟中任何一位四分卫一样优秀，因为他知道他必须相信这一点。所有冠军要么凭直觉知道，要么在职业生涯中领悟到：如果最终目标是表现出自身最高水平，表现者别无选择，只能全然信任自己。

自信使人达到自己的最高水准成为可能，这就是为什么它对任何踏入竞技场、展现出自身最佳水平的人来说都如此重要。想想伊莱的现实处境吧。大多数秋冬的周日下午，他都会面对 8 万名现场观众和数百万名电视观众。他在球场上的每一个动作（以及很多场外动作）都会被橄榄球专家和普通球迷分析、评判。如果他不确信自己能做得像其他人一样好（甚至是那些史上最伟大的人），在他的比赛中就会渗入不确定性、犹豫、紧张和平庸。没有这种程度的自信，伊莱·曼宁永远不可能表现出他应有的水准。

曼宁并不是特例。NFL 的每一名四分卫都必须有同样的信心才能发挥出最好的水平。事实上，每一位参赛者在任何其他类型的竞赛中都需要拥有如此的自信才能表现最佳。我并不是指那些参与大学比赛、职业比赛或奥运会的少数人，我说的是在任何领域中努力取得成功的人。无论你参加的是什么"比赛"，在这种确信状态下你才能表现得最好——你不再考虑如何击球、投球，如何行动、演讲、提议，也不再考虑输赢的影响。所有这些想法都会干扰：（1）你对形势的洞察（如球的飞行轨迹、对手的移动方向或对客户的理解）；（2）你从过往的正确经验中提取出来的自动反应；（3）你的潜意识对肌肉和关节发出的指令——如何精确有序地收缩和放松，以便在正确的时刻做出正确的动作或发表正确的评论。无论你参加的"比赛"是否需要即刻辨识对方防守并将球带到指定位置，或回攻对手的发球，或向一屋子持怀疑态度的潜在客户推销产品，只有当你对自己无比肯定、无比自信时，你脑海中纷繁复杂的思绪才会减至最少，你才能更稳定地发挥出最佳水准。

　　让我们把注意力转回伊莱，他曾自信地断言他和汤姆·布雷迪水平相当。现在，把画面从 2011 年 8 月的训练营采访快进到 2012 年 2 月 5 日——那个赛季的超级碗结束之时。伊莱·曼宁站在印第安纳波利斯卢卡斯石油体育场中心，高举冠军奖杯，荣获人生中第二个超级碗"最有价值球员"奖。曼宁所属的纽约巨人队后来居上，击败了汤姆·布雷迪所属的新英格兰爱国者队。在第四节比赛的最后几分钟，曼宁引领落后的巨人队向前推进 88 码[①]，投出 4 记关键球，其中一记穿越重重阻碍的 38 码[②]外的精确投球，被一致认为是本场比赛最精彩的时刻。在那个球场上，在那一天，伊莱·曼

---

① 　1 码等于 3 英尺，88 码约为 81 米。——编者注
② 　约为 35 米。

宁向全世界展示了他确实是位列"前十、前五"的四分卫，而他在上一个夏天的言论只是一名自信参赛者的诚实表述。

告诉你一个小秘密……伊莱·曼宁并不总是那么自信。尽管他是 2003 年 NFL 选秀状元，但从大学选手到职业球员，他经历了艰难的转变，许多人质疑他是否能达到首轮选秀时人们对他的高期望，并带领他的球队获得冠军。但在 2007 年 3 月，伊莱·曼宁开始接受我的辅导，他的目标很明确，就是要"成为一名更强大、更自信的领导者"，要有一种"与认真准备相匹配的意气风发的气势"。11 个月后，在努力建立、保持和增强信心的过程中，伊莱·曼宁带领巨人队在第 42 届超级碗中取得了胜利（击败了汤姆·布雷迪的战无不胜、广受喜爱的新英格兰爱国者队）。整个赛季，他备受瞩目，体育记者和比赛解说员都说"这是一个与平日不同的曼宁"。

因此，2011 年 8 月，当伊莱·曼宁被问及他是否与汤姆·布雷迪水平相当时，我对他的回答并不感到惊讶。那时，伊莱已经赢得了我们所说的第一场胜利——确信他非常优秀，足以发挥高水准，在任何领域与任何对手较量。那时，他已经锻炼他的自信"肌肉"超过 4 年，尽管由于主教练的两次变动，他不得不学习两套新的进攻系统；尽管最近两个赛季接连失利；尽管进攻锋线和其他队友频繁更换，伊莱·曼宁依旧相信自己与其他四分卫一样出色。他在内心和头脑中赢得了胜利，这为他在最艰苦的条件下赢得比赛创造了最好的机会。

橄榄球专家依旧为伊莱·曼宁是否真的是位列"前十、前五"的四分卫而争论不休。人们对于球员的争辩是永无止境的。但毋庸置疑的是，在这样一种极具竞争性的职业运动中，在这样一个要求最高和最重要的位置上，伊莱多年来都表现出了极高的水准，直至2020年退役。通过建立、保持信心，并充满自信地比赛，他充分发挥了自己的天赋，丝毫未辜负先前所付出的努力。他成为了最好的自己。但是在这本书中，我们真正关心的是你。在你的工作、专业和爱好上，你是否充分发挥了自己的潜力？如果你赢得了自己的第一场胜利，拥有了像伊莱那样的自信（不是他的胳膊，也不是他的橄榄球天赋，只是他的自信），你的生活会不会有所不同？我很确定你的答案是肯定的。在接下来的篇章中，我将为你呈现自信的奥秘。

导言

自信是什么

2000 年夏天，斯托尼·波蒂斯离开家乡——得克萨斯州的尼德瓦尔德（一座人口仅为 576 人的小镇），开始了他在西点军校为期 47 个月的生活。抵达哈德逊河岸边时，他告诉军校学员领队，他想继续作为一名举重运动员参加比赛，因为他喜欢这种简单的挑战，它可以迫使他发掘自己到底能负荷多少重量。斯托尼的领队直接把他送到了我的办公室，在我的监督和教练戴夫·切斯纽克的指导下，斯托尼边学边练，掌握了各种心理技能，这些技能足以让他踏入任何竞技场，发挥出他通过勤奋训练积累起来的每一分力量、每一个技术细节。2004 年斯托尼·波蒂斯从西点军校毕业，作为西点军校举重队的队长，他的举重记录为卧举 156 公斤、蹲举 211 公斤、硬拉 229 公斤，而他的体重只有 67 公斤。5 年后，他依靠同样的技能在阿富汗的致命地面战斗中取得了胜利。

　　如果你看过 2020 年上映的电影《前哨》（The Outpost），或读过记者杰克·塔珀于 2012 年出版的同名小说，可能你对波蒂斯这个名字并不陌生。这个"前哨"是美军 2006 年在阿富汗东部努里斯坦省建立的基廷前哨基地，属于美国领导的联军战略的一部分，目的是阻止叛乱分子和武器从邻国巴基斯坦越过边境。但不幸的是，它位于山谷深处，四周高山环绕，很容易受到来自多方敌人的火力攻击。在接下来的 3 年里，它以经典军事黑色幽默而闻名，被戏称为"卡斯特营"，即随时可能发生大屠杀的地方。2009 年 10 月 3 日，美军第 61 骑兵联队第 3 中队布拉沃部队就驻扎在这里，这也是当时斯托尼·波蒂斯上尉的指挥部所在地。

当地时间上午 6 时许，基廷前哨基地遭到了攻击，但像命中注定一般，波蒂斯上尉为了协调关闭基廷前哨基地的计划，于两天前飞往了 30 千米外的部队司令部博斯蒂克前方作战基地。波蒂斯得知了一个可怕的消息：他的 53 名士兵在基廷遭遇了塔利班的重型迫击炮、火箭推进榴弹和机枪的袭击。上午 8 时 30 分，波蒂斯上尉和他在博斯蒂克的 6 名士兵乘坐一架黑鹰直升机在基廷营地上空盘旋，准备降落并加入地面战斗。这不是波蒂斯的第一次战斗。2006 年，他参加了巴格达北部的交火，现在他采取了和当时一样的措施，以控制所有士兵在战斗前都会经历的、自然产生的负面想法"洪流"。"当时我坐在直升机上想'今天就是我的死期，'"他对我叙述道，"但我停止了这种想法，放慢了呼吸，重复了一遍我从接受命令之日起就一直在说的一句话——我是领袖，我需要在重要的时候做出决定。然后我准确地想象着我们将在哪里着陆，以及我们每个人落地后要做什么。不知不觉中，我已经完全放松了，获得了掌控感。"他已取得第一场胜利。

但世事无常，情况的发展并不如斯托尼·波蒂斯所愿。盘旋在基廷营地上方的黑鹰油量告急，同时遭受着敌人的炮火攻击。飞行员向波蒂斯示意，塔利班袭击者已经控制了基廷营地唯一的降落区，所以他们不得不掉头飞回 30 千米外的博斯蒂克加油和整顿。波蒂斯又一次不得不控制自己的恐惧和对士兵们的担忧，那一刻，这些被围攻的士兵正为自己的生命拼死奋战。他在博斯蒂克降落后，立即召集了一支可以带回基廷支援、由美国和阿富汗士兵组成的快速反应部队，而此时，维持对自身情绪的控制变得更艰难了。当他经过一架阿帕奇攻击型直升机的飞行员身边时，他变得更加恐惧。这架直升机就像刚飞回来的黑鹰一样，在基廷营地上空被敌人的炮火严重毁坏。那名飞行员一边抽烟一边摇头，对波蒂斯说："真不知道他们能不能熬过去。"

尽管形势十分严峻，波蒂斯上尉在接下来的 9 小时里都在持续寻回自我掌控感，每一次，他都通过坚定信念、放慢呼吸、保持意识，取得了小小的第一场胜利。他帮助快速反应部队进入黑鹰，飞到附近山上最近的可降落区域，在垂直高度 2000 英尺 [①] 的山岩地势上经历了 5 小时的曲折下降，最终与快速反应部队徒步到达基廷。

---

① 相当于 609.6 米。——编者注

在整个下降过程中，他经历了一次又一次伏击，呼叫炮兵和空袭击退一波又一波塔利班袭击者。波蒂斯在下午 6 时左右夜幕降临时分到达基廷营地，其间杀死了 100 多个敌人。与此同时，布拉沃部队的 53 名士兵以非凡的勇气与大约 300 名塔利班武装分子进行了战斗，并取得了胜利，他们在基廷营地被围困了噩梦般的 12 小时。在当天的战斗中，布拉沃部队有 8 人死亡，超过 22 人受伤。后来，波蒂斯的士兵们获得了 2 枚荣誉勋章（美国军人的最高荣誉）、11 枚银星勋章（第三等荣誉）和 19 枚紫心勋章（因在战斗中受伤）。至于斯托尼·波蒂斯本人，则被授予了铜星勋章，他对我说："我不是英雄，我只是恰好处于他们之中。"

斯托尼·波蒂斯在最糟糕的情况下找到"自我掌控感"的决定，揭示了人们对自信的常见误解之一。面对如此可怕的情况时，大多数人肯定不会决定对自己的未来充满信心和积极想法，他们只有在好事发生的时候才会让自己感到自信。他们的内心状态取决于外部事件，因此，当生活完美无缺时，他们就像腾云驾雾一般畅快淋漓，而在剩下的时间却堕入深渊，无法自拔。如果我们要在人类表现的现实世界中建立、保持和运用信心，就必须消除这一普遍误解以及与之类似的其他误解。

面对现实吧，我们的社会与自信和自信的人之间存在一种困难且矛盾的关系。当然，我们都知道自信很重要，但我们也知道，如果你表现出超乎审慎的自信，很可能会被贴上傲慢或自负的标签。

对于自信，即使是稳重而专业的表达，比如前言中提到的伊莱·曼宁于 2011 年的断言，也会引发大量的质疑和批评。自信似乎有其不利的一面，它会让你处于一些不快的境况：要么是直言不讳的自负，因此不招人待见；要么是懒惰和自满，或者（上帝不会允许）两者兼而有之。由于这种负面影响，许多心怀善意、专注、主动的人决定不去做能够建立和保持自信的必要脑力工作（改变他们对自己的看法）。他们认为，保持谦逊会更好，这意味着不要对自己有过高的评价。在他们获得足够的知识或技能来取得成功之前，在某件事上打败了那些大呼小叫和自吹自擂的人，也许让他们印象太深刻了。如果他们自己也变成那种大呼小叫、自吹自擂的讨厌鬼，那他们真该下地狱。

但重要的是如果你是一个天生安静的人，并且从小就认为不引起别人的注意是很重要的，那么努力获得自信并不会让你变成一个自负的吹牛者。虽然有很多高调、自信的人（我们身边总是充斥着媒体对那些聒噪而自负的人的负面报道——从 20 世纪 60 年代早期的拳击手凯瑟斯·克莱，到今天的综合格斗冠军康纳·麦格雷戈和龙达·鲁西），但也有许多同样自信的人天生就是安静且矜持的。事实上，你可以在内心非常自信（如果你想有好的表现，就必须这样），而外在表现得彬彬有礼、恭敬和谦逊（如果你想交到朋友，就必须这样），NFL 四分卫德鲁·布里斯就是这种人。尽管布里斯是优秀的四分卫之一，也曾当选超级碗"最有价值球员"，但他并未过多地谈论自己。他用比赛中的出色发挥和其他优异表现来证明自己，比如在2006年卡特里娜飓风摧毁新奥尔良后，他所做的慈善工作为他赢得了NFL年度人物奖。"我是一个非常谦虚的人，"2010年布里斯在《60分钟》节目上对采访者史蒂夫·克罗夫特说，"但我也相当自信。如果我处于那种情况或时刻下，我就会趾高气扬、不可一世，我会认为没有什么是我做不到的。"显然，布里斯既拥有成功所需的内在自信，也拥有让人放松的外在谦虚。

所以请谨记：你可以非常自信而不被认为是自负或傲慢。如果你天生就自信满满，那就大胆地表现出来吧。但如果你恰好是一个安静、内向的人，请放心，遵循本书的步骤，学会赢得你的第一场胜利，这并不会让你变得不礼貌、不懂得尊重他人或不讨人喜欢。

请将这一点铭记于心，我们继续探索让自信变得更简单、更清晰、更容易理解的方法。在本章中，我将为自信建立一个简单而实用的定义，一个你可以用来指导自己追求成功和成长的定义。有了这个定义，当你的老板、教练、教员或同事提起自信的话题时，你就不会抓耳挠腮了（事实上，你对自信的了解可能比他更多）。而且，你会立即知道自己在某一时刻对某种任务是否充满自信。

接下来，我们将讨论关于自信的5个最普遍的误解，这些普遍误解使人们很难建立、保持和应用自信。一旦澄清了这一切，关于自信的真相、关于获得第一场胜利的真相就会浮现出来。到那时，你就会知道自己何时拥有自信。更妙的是，当你知道自己没有自信时，你懂得要如何获得自信。

现在，让我们用一种实用的方式来定义"自信"。

让十几个人说出他们对自信的定义，你会得到十几个快速且简单的答案。"相信自己""知道自己能做什么"，多年来，这两种回答我已经听过不下百遍了。但是，这样的答案并不是那么有帮助。"相信自己"到底是什么意思呢？"相信自己"背后的成分、过程和机制是什么？除非你愿意长期学习哲学，否则这个定义对你不会有多大用处。大多数词典里对自信的定义同样没用。举几个典型的例子：《韦氏词典》（美国最受信任的在线词典）将自信定义为"对自身力量或对所处环境的信任的感觉或意识"。《剑桥词典》的定义是"一种对自己和自身能力毫不怀疑的感觉"。虽然这些定义都是正确的，但它们或我所知道的其他定义对于表现者来说都不是特别有用，它们都忽略了关于人类表现的一个关键点——人类天生就会无意识地执行任何受过良好训练的技能，无论是网球反手击球、小提琴独奏、解决代数问题，还是盘问证人。不管这项技能有多复杂（事实上，技能越复杂，这一点就越重要），当分析、判断和所有其他形式的意识和深思熟虑暂时中止时，该技能的执行会进行得更顺利、更有效。你可以拥有你想要的所有"对自身力量的意识"，但如果你仍然在分析你的每一个行动步骤、判断你的一举一动，并不断地告诉自己该如何做，你就无法发挥出自己真正的能力。那些有意识的、深思熟虑的想法占据了神经系统的相当大一部分功能，以接收与任务相关的信息，迅速处理（瞬间）以及将正确的反应指令传送回手和脚（如果你需要移动），或者喉咙和舌头（如果你需要说话）。芝加哥大学心理学家西恩·贝洛克说："当过于专注技能的所有小细节时，我们实际上会干扰自己的表现。如果你正匆忙地走下一段楼梯，我让你仔细想想移动的时候你的膝盖在做什么，那你很有可能会跌倒。"因此，当压力来临、形势严峻时，真正的自信能够让你保持最佳状态，它没有那些纷繁复杂的思绪和漫无边际的分析。

我对自信的操作定义是（真正能帮助你表现好的定义）：对自身能力的确信感，它能让你绕过有意识的想法，无意识地做出行动。

让我们一起来分解这个定义：

（1）确信感：完完全全的信任感……

（2）自身能力：你能够做的事或你知道的东西……

（3）让你绕过有意识的想法：你不必去想它……

（4）无意识地行动：你能自动、本能地去做。

自信是一种感觉：当你在做某件事（或了解某件事）的时候，你觉得自己能够做得很好，而无须思考该如何去做。这种技能或知识存在于你体内，它是你的一部分，如果你愿意，它就会在你需要的时候出现。

我们可以通过你现在所做的各种复杂的事情——而不必去思考它们——来充分理解这个定义。比如系鞋带——十根手指都在进行一系列复杂的精细动作和调整；以渐进的时间间隔收紧或放松鞋带；最后在绳结的末端保留适当长度的鞋带。所有这些都是在没有思考或分析的情况下完成的。你可以满怀信心地展示这个技能（如果你已经到了能读懂这本书的年龄）。再想想刷牙——找出刷毛的准确角度，确定每刷一次施加的适当压力，以及给每颗牙齿刷足够的次数。所有这些正确的刷牙技巧都是在无意识中施展的，你在刷牙时并没有思考，信心十足。现在想一想，当打网球时接住强劲的对手发过来的球，或者钢琴独奏时在你的老师和好朋友面前演奏最复杂的部分，或与客户进行艰难的谈判，在这些时候，相同程度的无意识确信感会给你带来多大的帮助。对于我在西点军校指导的学员和士兵来说，在踏入敌方领地之前，这种程度的无意识确信感是必不可少的。保持这种确信感就是孙子所谓的"先胜"[①]。

一些读者可能会想，他们是否真的"足够优秀"（足够老练、足够聪明，或准备得足够充分），以达到那种程度的确信感。如果你对此感到疑惑，请尝试理解：任何领域的成功，无论是体育、艺术、商业、科学，当然还有军事，都需要自信以及能力。一个极度

---

① 英文为 the First Victory，后文均译为"第一场胜利"。

自信但缺乏所需技能的人只能获得部分成功。在期末考试前只学习了一半内容的大学生，对自己所掌握的知识有十足的把握、毫不畏惧，很可能考不出好成绩；对于学习过的部分，他会考得很好（因为他有信心），但在其余部分可能会丢分。同理，如果橄榄球运动员忽视了休赛期训练，那么一旦球队开始集体训练，不管他有多自信，他都会处于不利地位。

　　然而，在考试前学习了所有材料，充分掌握了所有知识，但仍然担心遗漏了一些内容或怀疑自己准备得不够充分的大学生，也有可能考不出好成绩。因为持续不断的负面想法会阻碍他回忆事实和细节。同样，如果一名球员严格遵守训练计划，但仍然对自己持怀疑态度，他入选球队的机会就会降低。当一个人做了足够的准备，积累了足够的能力，并且决定完全相信自己的能力水平——无论处于何种水平，他都最有可能得到优异的成绩或成功入选。那么，你如何知道自己已经做得足够好了呢？很简单，如果你在练习中能始终如一地发挥出运动技巧，或独自在家流畅弹奏钢琴独奏的难点部分，或在学习小组中答出所有的练习测试题，那么你可能就已经做得足够好了。但很重要的一点是，无论你做了多少准备，无论你实际上有多少能力，你的表现总是取决于你是否对自己所达到的能力水平感到完全确信。如果你真的想让自己获得成功的最佳机会，拥有潜意识的确信感一定是最好的选择。

　　那么，如何才能确保我们对自己的能力感到有把握？这种至关重要的确信感从何而来？

　　对于这些重要问题的答案，我们需要进行一些探索，而探索的最佳起点，就是一些关于自信的常见误解。这些想法和不完整的事实影响了主流看法，但它们并不真正准确，也肯定没有帮助。这一探索将为我们揭示自信的真相，这将帮助我们建立自信、保持自信，并在适当的时候加以运用。

误解 1　你生来就具有一定程度的自信，除此之外你无法改变什么

　　这是一个不幸但普遍的误解。我遇到过太多的人，他们都相信自信是一种与生俱来的固定特质，自己的自信是固定不变的，所以再多的训练、练习或经验都不会令其受到影响。很明显，这是一种弄巧成拙的信念。如果你确信任何事情都无法改变你的自信，那么你就不会费心去尝试，只会故步自封。

　　然而，事情的真相却截然不同，而且对你更有利。优秀运动员和其他表现者身上的高度自信并不是由他们无法控制的基因决定的。相反，自信是后天习得的。这是一个持续的建设性思维过程的结果，它让表现者得以：（1）记住和受益于他们的成功经验；（2）忘记或重组他们不太成功的经验。相信自信（或缺乏自信）是一种与生俱来的天赋，这给了人们一个便捷的借口，使他们不必花

时间、精力和努力去改善思维过程。

美国奥运雪车选手吉尔·巴肯的故事是一个很好的例子，展现了一个人是如何通过深思熟虑的努力来培养自信的（顺便说一句，她在世界级的比赛中取得成功的同时，也保持着恭敬和谦虚）。身高 165 厘米，体重约 59 千克的吉尔·巴肯总是带着害羞的微笑，举止安静，这样的她可能不会立刻给人以超级自信的运动员的印象。在 2001 年雪车世界杯赛季和 2002 年奥运会预选赛期间，另一位美国雪车运动员让·拉辛的表现让吉尔相形见绌，吉尔对即将到来的 2002 年奥运会几乎没有什么理由感到自信。拉辛和她的搭档赢得了 2001 年的世界冠军，是最有希望在奥运会上获得金牌的选手，她们收到了各种各样的代言费（维萨公司为她们拍摄了一支全国性的电视广告）。几乎所有人都忘记了吉尔·巴肯。但在 2002 年冬季奥运会上，当备受青睐的拉辛队面临挑战时，她们在压力下退缩了，在第一轮比赛后就退出了奖牌争夺。但吉尔·巴肯晋级了。

从没有被认为是奖牌争夺者的吉尔，驾驶雪车沿着美国犹他州奥林匹克公园雪车跑道一路下滑，并最终赢得了第一枚女子奥运会雪车比赛的金牌。当她和搭档沃内塔·弗劳尔斯冲过终点线时，美国选手向她挥手致意，家乡的观众欣喜若狂。她跳下雪车，拥抱了沃内塔和教练，然后被带去接受哥伦比亚广播公司的采访。体育节目主持人玛丽·卡里罗问吉尔·巴肯的第一个问题就是："你是另一队的，你本不应该在这里。你是怎么做到的？"吉尔眼中盈满了激动的泪水，她看着卡里罗，直截了当地说："我们有信心，我们终将获得成功。"

尽管这句话很简单，但由于14个月前发生的事情，这句话对我来说有着特殊的意义。2000年12月，在即将到来的世界杯赛道的重重压力和不确定性中，我和吉尔·巴肯在犹他州帕克城新建成的奥林匹克公园外的一家酒店大堂里见面，这是我们关于表现心理学的第一次工作会谈。我们在大厅一个安静的角落坐下来，我问她："吉尔，我已经解释了我的工作和我是如何帮助运动员的了。现在你想谈什么？"吉尔看着我的眼睛，毫不犹豫地说："我需要更多自信。"因此，接下来的3小时里，我们在酒店大厅里谈论什么是自信、什么不是，把所有关于自信的谬误和事实区分开，并罗列了一些吉尔每天可以做的、用来建立信心的具体事情。

在接下来的14个月里，吉尔持之以恒地努力着，尽管她会受伤、会分心，而且在比赛中几乎没有取得什么成功。在那几个月里，我们又见了几次面，吉尔一直坚持着，尽她最大的努力控制自己的思想和情绪，始终保持着她可以赢得一切的信念。随着她努力提升思想和态度的品质，她从一名"需要更多自信"的运动员，变成了用"我们有信心"来解释团队胜利的金牌获得者。

这个故事的寓意很简单，也很鼓舞人心：自信是一种品质，你可以通过实践来培养它，就像培养其他技能、能力或本领一样。吉尔·巴肯就是这么做的，这当然是她成为奥运冠军的原因之一。所以我希望你意识到，无论你现在有多少信心（或根本没有信心），你都可以获得更多的自信，就像吉尔·巴肯那样。

误解 2　你要么在生活的各个方面都充满自信，要么毫无自信

　　事实正好相反——自信是一种高度视具体情况而定的特质。你可能在篮球场上感到非常自信，但在历史课上却完全没有把握，反之亦然。即使在篮球场上，你也可能对比赛的不同方面拥有完全不同程度的自信，比如罚球和运球、背身单打和抢篮板球，等等。在课堂上也一样，我遇到的几乎每一个高中生和大学生（其中有很多医学院和法律系学生）都有一两门觉得拿手的科目，还有一两门觉得没什么把握的科目。

　　此处的道理和上文同样简单，同样充满力量：你可以在生活中任何你关心的特定方面树立信心。对自己是否有能力做一场高质量的正式演讲感到犹豫，但在做调研时却毫不费力？打网球时对发球感到很自如，但在网前截击时却感到焦虑？这些特定领域中的自信都是可以学习和培养的。

误解 3 一旦变得自信，就会永远保持自信

　　我多么希望这是真的，我的每一名学生和受训者也有同样的愿望。如果自信是一种可以一次性获得"现在我永远拥有"的成就该多好啊。不幸的是，恰恰相反——真正的自信是非常脆弱的——这就是为什么保持自信需要持续的关注和努力。我的一位西点军校学员受训者（2013届的康纳·哈纳菲）在回忆他的4年大学摔跤生涯时所言甚是："与自我怀疑做斗争、建立自信是一场持久的消耗战，而不是决定性、毁灭性的胜利。"这句话表达了一个重要的，但也许有点麻烦的事实。任何运动的持续进步都需要身体和技术技能的提高，任何专业的持续进步都需要不断的学习，同样，培养和保持信心也需要持续的关注和努力。军校学员哈纳菲用适当的军事术语，将"决定性、毁灭性的胜利"（比如通过轰炸日本，从而彻底结束了第二次世界大战）和"持久的消耗战"（比如在阿富汗持续了20年的军事行动）进行了对比。要通过不同类型的战争、不同类型的长期介入、不同类型的持续努力来遏制和摧毁隐藏在阴影中、无情地攻击着我们的敌人。

　　以指导美国职业高尔夫球协会和美国女子职业高尔夫球协会冠军而闻名的运动心理学专家鲍勃·罗特拉也认为有必要不断增强自信，他将其比作海边社区的沙丘维护工作，沙丘可以保护街道和建筑不受海水侵袭。海浪不断冲击海岸，对沙丘造成缓慢但确实的磨

损。有时海浪很小，所以对沙丘的影响很小，只需要当地工作人员进行少量的维护工作。有时，大风暴会造成更大的破坏，需要更多的维护工作。但任何时候我们都不能认为沙丘一旦建成便永远坚不可摧，对沙丘不管不顾。就像海浪不断冲刷着海岸线一样，人们在体育和商业上追求成功的过程中也会遇到挫折和障碍，这些挫折和障碍会打败最乐观和"积极"的竞争者。最终成功的人，是那些愿意耐心而持续地建立和保持自信的人。

此处的寓意同样简单而有力。简单是指追寻第一场胜利的过程永无止境。那么有力是指什么呢？大多数人认为他们要做的就是赢得一次"第一场胜利"，然后便一劳永逸了。但他们随后就会遭遇挫折，一场巨大的风暴会侵蚀他们的"沙丘"，他们将缴械投降。这意味着你——一个明白自己正在进行康纳·哈纳菲所谓的"持久的消耗战"、长期以来不断建立自信的人——将拥有比其他所有人都显著的优势，你的真正竞争对手会越来越少。这对你极为有利！

误解 4　一旦取得一些成功，你的自信就一定会增强

事实并非如此，这种误解的关键词是"一定"。俗话说得好，"一事成功百事顺"，然而这无法说明一切。高中时期很成功的运动员，尽管有着多年成功经验，但并不总是能轻易地在大学比赛中获得胜利；学业成功的高中生，尽管成绩优异，学术能力评估测验的

分数也很高，但并不总是能顺利投入大学的学习。一些成功的运动员实际上丧失了信心，因为他们以前的成功成了一种无法逃避的压力。因此，虽然体验成功和接受积极反馈确实都可以成为信心的源泉，但有且只有在你允许的情况下它们才有这种作用（后文会介绍更多这方面的内容）。然而，这不是必然的。为什么并非必然呢？因为如此之多的运动员和表现者在经历了巨大的成功后，已经养成了把注意力完全放在弱点上、只记得失败的习惯。所以，如果你不让"成功"为你所用，那么再多成功也无济于事。

　　对于为什么成功无法转化为自信，我的案例研究来自电视名人、前 NFL 防守端锋迈克尔·斯特拉汉的经历。以下是斯特拉汉个人简历的一部分：1993 年第 2 轮获选新秀；1995 年，在他的第 2 个赛季开始担任防守端锋首发球员；1997 年在全美职业赛季中创下 14 次擒杀的联盟最高纪录；百万美元合同的持有者。几乎从任何角度来看，斯特拉汉都是一个非常成功的人，因此他应该有足够的激发自信的"燃料"。然而，在 2001 年《体育画报》（*Sports Illustrated*）的一篇文章中，当斯特拉汉所属的纽约巨人队进入第 35 届超级碗时，他展现的态度却截然不同：

　　"自我怀疑是困扰所有球员的事……在 1998 年底的时候，我在 10 场比赛中完成了 10 次擒杀，但我认为我糟透了……感觉就像我们毫无希望。"

　　迈克尔·斯特拉汉在 1997 年赛季中表现出色，在 1998 年赛季的每场比赛中都完成了一次擒杀，他怎么可能没有信心呢（"我认为我糟透了"……"我们毫无希望"）？答案就在于，斯特拉汉是如何看待自己在那个赛季中的表现的，从统计数据上看，那是个相当优秀的赛季。在同一篇文章中，他这样描述了自己在球场上的感受："我想象我正在追四分卫，差点儿就追上了，却没成功；接着我的眼前漆黑一片。"尽管他取得了其他球员都想要的成功，但主导斯特拉汉的想法却是关于失败的（"没成功"），关于在比赛中优异表现的记忆所能给予他的巨大的自信构建力量，都被这些想法所掩盖、阻挡和消除了。对迈克尔·斯特拉汉及其团队来说，好消息是通过学着去回忆和欣赏所有成功的比赛，他改变了自己破坏性的心理习惯，并进入了橄榄球名人堂。

这个故事的寓意是，成功本身并不是信心的助推器。你如何处理与成功相关的想法和记忆，才是决定你是否自信的关键。你可以像斯特拉汉曾经那样，把它们视为不重要的东西，或者完全忽略它们；你也可以像斯特拉汉后来学会的那样，建设性地利用它们，在这个过程中，让自己为获得更大的成功做好准备。请做出明智的选择！

误解 5　错误、失败会不可避免地摧毁或削弱你的信心

如果你认真读到了这里，你也许已经知道这个部分要说些什么了。当然，错误、失败、挫折等，确实会让人停下脚步，担心接下

来会发生的事。但正如上一部分提到的，只有在你愿意的情况下成功才能成为信心的源泉，一个错误，即使是一个严重的错误，也只有在你愿意的情况下才会侵蚀信心。你可以有选择地将错误重新解读为学习的机会，将失败视为短暂、孤立的事件，并将任何针对你的负面评论视为刺激的挑战。坦率地说，如果你决定建设性地应对失败，不管你经历了多少"失败"都没有关系。有时，"建设性地应对失败"可能意味着完全忽略它。

设想一下如下这些情景：你有资格参加奥运会；你即将在职业生涯中最大的舞台上"表演"；你作为主刀医生，正在做第一次器官移植手术；你正在面试一份梦寐以求的工作；你在自己梦寐以求的团队里领导一个梦寐以求的项目。你多年来为之梦想和努力的目标就要实现了！你正在进行最后的准备工作，在进入手术室、会议室，或进入"友谊赛场"前几分钟的"热身"阶段，突然出现严重的问题。由于一些不明原因，你的身体突然无法放松，或者对手术的某个阶段突然头脑一片空白，或者突然找不到你的演讲笔记。那一刻你会有什么感觉？当你开始"表演"的时候，你会有什么感觉？你会确信无疑地开始"无意识"表演，还是被令人焦虑的"精神噪声"所轰炸？

这是花样滑冰选手伊利亚·库里克在1998年冬季奥运会上表演短节目时所面对的情景。他的热身动作没有达到预期状态——几次滑倒，几次摇晃，跳跃也毫无亮点。但轮到在奥运会裁判和全世界电视观众面前表演时，他的表现近乎完美，他在短节目中名列第一，最终赢得了金牌。表演结束后不久，一名电视记者对气喘吁吁的他进行了近距离的个人采访。以下是他们的对话。

主持人：伊利亚，短节目的最大挑战是完成第一个组合动作和应对所有压力。你参加这个项目时紧张吗？

库里克：是的，短节目是最紧张的部分，因为其中包含8个元素，你必须干净利落地完成这些动作，否则就输了。

主持人：和我们说说你的组合动作。告诉我们做这个动作时你有什么感受（他们身后的显示器上播放着他完美的第一个三周跳的录像）。

库里克：热身时情况相当复杂……但我知道我会在比赛中做到，我百分之百地确信。如果你对你在短节目中的动作有百分之百的信心，那么在热身阶段就不必多做什么了。

主持人：（举起双手表示怀疑）这种信心从何而来？

库里克：（耸耸肩膀）我不知道，这种想法自然而然地从我头脑中冒出来了。

这一可能让大多数人恼火的挫折（在人生中最重要的一次比赛前热身表现不佳），对伊利亚·库里克来说并不是什么大问题。他并没有纠结于糟糕的热身可能带来的影响（这很容易发生），他只是紧盯着短节目中的每一个跳跃（"对你在短节目中的动作有百分之百的信心"）。在他看来，赛前热身——他最近的一次经历，也是最有可能影响他态度的一次经历——毫无意义。这个潜在的重大挫折——对他的自信可能造成潜在打击——最终变得无足轻重。如果非要说有什么影响的话，那就是增强了他在实际表演中取得成功的决心。迈克尔·斯特拉汉虽然取得了很多成功，但脑子里却充斥着"失败"的想法，而伊利亚·库里克的脑子里却充满"成功"的想法。

这个故事的寓意是，失败，即使是非常不合时宜的失败，也不一定会摧毁信心。只有当你无法释怀、不断回顾时，失败才会对你造成影响。它们确实会带来担忧、怀疑、恐惧和其他一系列负面情绪，但它们可以作为线索，让我们回忆起自己的成功。奥运冠军告诉我们，自信是"从头脑中冒出来"的，而不是来自头脑之外的任何事物。

现在，真相就在眼前……

以上经验，全部来自在各自所选领域为成功而奋斗的真实表现者，他们告诉了我们关于自信、关于赢得孙子所谓的第一场胜利的简单而实用的真理。事实是：自信与实际发生在你身上的事情没有多少关系，而与你如何看待所发生的事情有很大关系。当吉尔·巴肯忽略她之前的训练未含任何关于自信的内容（发生的事），并且决定更加小心和选择性地记忆（她的想法）时，她就成了一名自信的奥运选手并最终获得冠军。当迈克尔·斯特拉汉把他徒劳地追逐四分卫的想象换成主宰比赛的想象时，他就不再受自我怀疑的困扰了。而当伊利亚·库里克拒绝在一个不合时宜的挫折上纠缠不休时，他便保持了赢得金牌的信心。

　　因此，把自信——你对自己和自己的能力所持有的确信感——看作你对自己和自己能力的所有想法的总和，是毫无问题的。在人类表现的世界中，你关于运动、比赛或职业的信心，就是你对这项运动、比赛或职业的所有想法的总和。进一步来说，关于"比赛"任一方面的信心，就是你对这个方面的所有想法的总和（对于网球来说，包括正手击球、反手击球、第一发球、第二发球、截击等；对于曲棍球来说，包括传球、射门、阻碍等；对于商业来说，包括预算、预测、员工管理等）。但是这些想法的总和并不是一成不变、一劳永逸的。相反，随着每一个新想法和新记忆的加入，它无时无刻不在变化，这令它成了"流动总和"，它是你对自己和自己能力的所有想法的瞬间总和，是一种不断变动的总和，取决于在任一时刻你的想法、在任一时刻你选择关注自身经历的哪些方面，以及你在哪些特定想法和特定记忆上投入多少情感。从这个意义上说，人的自信就像一所"心理银行"，储藏着你对自己和生活事件的想法。正如在任何银行中，账户余额取决于一天结束时有多少钱存入或取出一样，信心心理银行账户的起伏也取决于你在任何时候的思维方式。把过去成功的记忆、进步的记忆，以及对未来进步和取得成就的想法"存入"心理银行账户，"余额"就会增长。如果你反复回忆过去的挫折和困难，或者对未来可能出现的挫折和困难耿耿于怀，"余额"就会减少。获得自信、保护自信、满怀自信去表现——赢得第一场胜利——都是在管理你的心理银行账户。

读到这里，请你暂停一下，想一想你的心理银行账户里有什么（正如电视广告所说："你钱包里有什么？"）。诚实地问问自己：当你想到你在从事体育活动或专业事务（或任何其他对你重要的事情）时，哪种类型的想法占主导地位，是关于犯错的记忆还是准确执行的记忆？是对持续不断的麻烦事的想象（就像早期的迈克尔·斯特拉汉那样），还是对渴望的成功的憧憬（就像斯特拉汉学会有意地往他的个人"信心"心理银行账户"存款"一样）？你的心理银行账户里到底存了多少"钱"？无论生活中发生了什么，你的心理银行账户"余额"每天都在增长吗，还是会因你最近的表现、测试或评估而剧烈波动？

一旦你了解每一个关于运动或职业的想法和记忆都在影响你的持续变动的确信感，你就可以决定是掌控你的想法，还是将这个控制权交给起起落落、变幻莫测的人生。将这一指令输入你的个人心理银行账户，就为你创造了比不这么做的人更显著的优势。这种能力——选择性地解读个人经历，以便在心理上保留并受益于成功、进步和努力的经历，同时在心理上放下或重构挫折和困难的经历——存在于我们每个人的内心中。这是赢得第一场胜利的主要心理技能。

　　心理学家维克多·弗兰克尔从第二次世界大战的纳粹集中营中幸存下来，他在回忆录中，将有选择性地解读个人经历的过程称为"人类最后的自由，即在任何特定环境下选择自己的态度"。弗兰克尔认识到，面对真正的威胁生命的挑战时，自信是一个持续不断的过程，一个人的态度实际上是不断变化的所有想法的总和。"每一天，每一小时，"他指出，"都有做出抉择的机会，这个抉择决定了你愿不愿意屈服于那些威胁要夺走你的自我、你内心的自由的力量。"

　　本书接下来的章节，是对这"人类最后的自由"的探索和练习指导。幸运的是，我们当中很少有人会体验到弗兰克尔在被囚禁期间所经历的恐怖。然而，他的经历既是有力的提醒，也是生动的证明——我们所有人都拥有将自己的思想和态度与发生在我们身上和周围的事情区分开的力量。我们每个人都可以对自身能力建立一种确定性，当这样做时，我们就创建了一个平台（银行账户），让这些能力得以充分表达。正如资深美国国家冰球联盟和国际冰球运动员马克斯·塔尔博特在我们某次会面时所说的："如果我这样做，我就会变得非常富有！"当然，他指的不是钱。

　　接下来的第一章，就将解释如何创建你的心理银行账户，并开始每日存款。你也能变得"富有"。

第 1 章

接受你无法改变的

金妮·史蒂文斯在一家制药公司担任中层主管。这是一个平常的日子，金妮所在的公司将在一间会议室里面向多名公司副总裁举办一场产品展示会，但金妮和其他几位与会者在展示会中并没有被安排正式的工作，因此她还是像往常一样冷静和放松。当金妮离开办公室去参会时，情况发生了变化。她的领导在离会议室门几步之遥的地方赶上了她，告诉她，她需要在这场会议上作报告。她被随之而来的一阵恐慌所吞噬。

金妮是这样向我描述的："我猛地停下脚步，头快速后转180度，回头看了领导一眼，差点儿扭到脖子。作为一名优秀的员工，我感到很自豪，所以我真的不能拒绝。但我的内心在尖叫：'什么！你在开玩笑吗？你想让我在一屋子副总裁面前毫无准备地作报告？'我们继续朝会议室走去，门似乎在我眼前变大了，越来越大，直到我好像进入了一座巨大的教堂，那里有一群长老正等着对我做出评判。尽管我对这个产品非常了解，但我不知道我该如何完成这场报告。门打开的时候，我差点儿失控了，我可以看到那些副总裁坐在里面等我。"

幸运的是，副总裁们对她很宽容，整场报告变成了一场愉快、合作的对话。但事情的走向也许不会总这么幸运，金妮一时的恐慌让她心烦意乱，她知道她必须做点什么。"我听说你帮助运动员增强信心，"她对我说，"但我也很需要。我的整个工作团队也是。你能帮我吗？我再也不想体验那种感觉了。"

类似金妮的故事我已经听过成百上千遍了：环境或情况的突然变化会让人陷入自我怀疑的泥潭。心脏开始狂跳，思绪开始狂奔，甚至对时间、空间和周围环境的日常感知都会发生令人不安的转变。前一秒你还在处理普通事务，下一秒你就变得惶恐不安，宛如奔赴刑场。

但也不是非得如此。你可以通过为自己筑造一座精神堡垒、一所持有个人信心账户的固若金汤的银行来保护自己，以应对任何意想不到的事件，以及生活中所有已知和意料之中的困难。

如何建造这所银行呢？可以从打好坚实的基础开始。因为这是一个心理银行账户，基础自然也是指心理层面的。我们从四大心理支柱开始，这是 4 个影响所有人类表现的因素。一旦你接受了它们，你就会更清楚地看到你对卓越的追求，你也会拥有一颗平和的心，这将帮助你建造一个持久的架构。

也许你知道著名的"宁静祷文"。

> 上帝啊，请赐予我平静，去接受我无法改变之事，
>
> 请赐予我勇气，去改变我能够改变之事，
>
> 请赐予我智慧，去辨别两者之间的差异。

我喜欢宁静这个词。它暗示了某种程度的内在平静和心理安宁，一种让成长和发展得以发生的稳定基石。为了获得自信、赢得第一场胜利，宁静是容纳你的心理银行账户的堡垒的基础。通过接受人类表现的 4 个无法改变的事实，我们可以建立宁静的基础。这四大支柱是：身心联结、人类的不完美、自主神经系统活动以及持续练习的延迟回报。我们可以选择忽视和抵制这些在人类中存在的具体现实，也可以选择承认它们并与之合作。前者通向停滞和平庸，后者通向成长和成功。选择权在你手上。接下来，让我们一起探索强大自信态度的四大支柱。

支柱1 身心联结是真实存在的，掌控它或被它掌控

20 世纪 60 年代末到 70 年代初，身心联结（mind-body connection）这一术语进入了大众视野，这是一个社会和意识形态发生重大转变的时期。早些年，西方理性科学思想普遍认为，心灵和身体是完全分开，截然不同的；思想和情感属于牧师和诗人的领域，而身体遵从化学和物理法则，属于受过机械训练的医生的领

域。因此，你怎么想是无关紧要的，你的身体只是从事运动或工作时所使用的工具，它对你的想法毫不在意。当瑜伽、冥想和其他东方文化开始吸引公众和科学界的注意时，这种情况开始改变。哈佛大学和斯坦福大学等遵从传统科学理念的实验室对其进行了大量研究，以确定超验冥想等心理技巧是否会影响血压、耗氧量和心率等生理过程。毫无疑问，研究结果是确凿无疑的，当参与者改变他们的思维方式，培养一种平和、安宁的情绪状态时，他们的身体确实出现了显著的反应——上述生理过程急剧放缓。赫伯特·本森1975年出版的经典畅销书《放松的反应》(*The Relaxation Response*)描述了这些重要发现及其对健康和疗愈的潜在影响。反之亦然，其他研究表明，当参与者沉浸于争论和其他紧张时刻的记忆时，这些同样的生理过程会加速[参见雷德福·威廉姆斯的《愤怒可杀人》(*Anger Kills*)]。

尽管本森的工作和随后发表的数百篇科学论文都表明，精神状态对身体状态会造成重大影响，从而影响一个人的表现，但这种观点仍然没有流行起来。如果这一观点广为人知，就会有更多寻求业绩成功和成就感的人，更多地关注他们分分秒秒的思维习惯。距离本森第一本书的出版已经过去了将近50年，但我敢打赌，如果我为你装上心率监测仪，并让你回忆不同的经历时，你会为一个简单的心率监测仪所揭示的内容感到万分惊讶的。"回想一下在一个舒适的热水浴缸里的感觉"，这会使你的心率直线下降，一声舒适的叹息从你的唇边逸出。"回想一下和高中时总是批评你的老师待在一起的感觉",这会让你的心率飙升。你可能像所有的职业运动员和数百万"周末战士"①一样,小心地监控自己的食物摄入量,虔诚地遵循锻炼计划,但在很大程度上忽视了一个事实,即思维习惯在实际发生的事情中发挥着重要作用——不仅是在步入球场或工作场所时,而且在醒着的每一分钟都是如此。

第一场胜利开始于接受和利用几十年以来的身心联结研究结果:你的有意识想法对表现有着巨大的影响,通过塑造情绪,进而影响你的身体状态。

不仅如此。每一次的表现,都会成为进一步的意识思维的对象,并开启另一轮循环。其结果是该体系每年每天、每分每秒地持续运作,思想影响感受,感受又影响身体状态,进而影响执行,而执行又会被纳入思考。这种循环影响着作为人类的我们所做的一切,从身体上的精细任务,如在历史考试中写一篇论文,到对身体素质要求很高的任务,如全接触(full-contact)拳击比赛。我们是实体化的存在,这一事实使得通过控制我们的思想和随之而来的感觉来管理身体状态成为获取最佳表现的先决条件。

---

① 周末战士(weekend warriors):仅在周末外出参加剧烈惊险体育活动的人。——译者注

身心联结

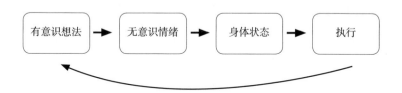

这种联系会不断地提高或降低你的表现；不存在中间立场。无论你在尝试何种任务，如果你的情绪状态被大量忧虑不安的想法所驱动，导致心率加快、血压升高、肌肉紧张、视野狭窄、压力激素激增，那么你的执行很可能会受到影响。我将其称为"下水道循环"（你懂的，下水道里都有些什么）。如下图所示：

下水道循环

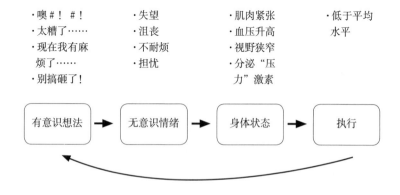

相反，如果你的情绪状态被一股建设性的思潮所驱动（请注意，我没有说"积极"想法），就会引发一种截然不同、更加有效的生理状态。你会感到精力充沛，而不是紧张焦虑；你的视野会变开阔，而不是封闭；你的大脑会释放天然的镇痛化学物质。所有这些变化都会让你更有可能展现出最佳状态，如下图所示：

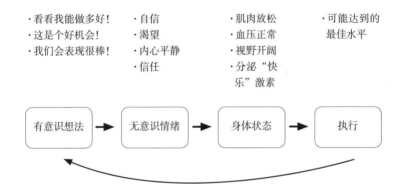

成功循环

·看看我能做多好！　·自信　　　·肌肉放松　　·可能达到的
·这是个好机会！　　·渴望　　　·血压正常　　　最佳水平
·我们会表现很棒！　·内心平静　·视野开阔
　　　　　　　　　　·信任　　　·分泌"快
　　　　　　　　　　　　　　　　乐"激素

| 有意识想法 | → | 无意识情绪 | → | 身体状态 | → | 执行 |

关于这些循环，有 3 个关键点对于赢得第一场胜利相当重要。首先，我们都发现自己会在无益的下水道循环和更有益的成功循环之间来回切换，一天多次，甚至一小时多次。没有人，哪怕是地球上最坚强、最自信的人，能幸免于偶尔的下水道循环之旅。因此，重要的是你处在各个循环上的频率，以及需要表现时你处在哪个循环上。现在，我们来做一个只有两道题的简单测试。请诚实地回

答：在一天、一周、一学期、一季或一年的时间里，你的有意识想法中个人肯定和情感支持的部分所占的比例是多少？个人贬抑和情感沮丧的部分所占的比例是多少？当你即将踏入个人表现的竞技场时，你的思想倾向于往哪边运行？它们将你推入下水道，还是导向成功？你的回答表明了，你是在促成还是阻碍第一场胜利。

其次，无论你如何回答这两个问题，好消息是，你在思维／表现循环中有一个选择点。无论某一次表现的结果如何，你都可以有意识地选择停留在对它的正确思考，以及对自己的正确思考上。无论你的执行如何，无论你有多少有益想法和有害想法，你都可以选择改变观念，让自己越来越频繁地进入积极循环。当我在 2007 年初开始与伊莱·曼宁合作时，他很诚实地承认，他对自己表现的看法是一半好，一半不太好。在接下来的 10 个月里，这一比例发生了巨大的变化，伊莱获得了第一个超级碗冠军和最有价值球员奖。如何改变你的有益想法和有害想法的比例，并更稳定持久地保持有益想法，将在下一章详述。

第三，更稳定持久地保持有益想法，并不能确保你就会表现出色或赢得每一场比赛。赢得第一场胜利，可以让你在以后与外部对手的竞争中，获得赢取胜利的最好机会。有一则古老的军事谚语如是说：敌人也有投票权，这意味着你可以把自己的准备和执行工作做到尽善尽美，但比赛、测试或战斗的结果也将受到"敌人"（例如对手、竞争者、客户）的影响。我能做的唯一保证是，如果你的生活、工作和表现大多数时候都陷在"下水道循环"中，你的表现将永远低于本可能达到的水平，"敌人的投票"对于任何结果来说都将具有更大的决定权。你可以选择运用这种想法—身体—表现的联系来最大限度地提高成功的机会。正如我的空手道老师大岛勤曾经说过的："心理上更强大的人总是更有机会获胜。"因此，请你通过创造一种充满活力的好奇态度，让自己处于最佳状态。你可以有意这样想：让我看看我现在能跑／扔／唱／说／学／听得多好！而不是严肃地思考：这次比赛／游戏／面试／演讲／会议非常重要，现在我真的必须好好表现，否则我就要遭殃了！

支柱 2　人类的不完美不可避免，你无法逃离，所以不妨和它做朋友吧

2010 年，娜塔丽·波特曼凭借电影《黑天鹅》获得了奥斯卡最佳女主角奖。影片中，她扮演了一名芭蕾女演员，正准备主演纽约芭蕾舞团编排的柴可夫斯基的《天鹅湖》。波特曼饰演的角色妮娜对完美有着近乎冷酷的追求，在童年舞蹈梦想的驱使下，她最终堕入了自我毁灭的地狱。正如电影历史学家亚德兰卡·斯科林－卡波夫所说："这部电影可以看作妮娜追求艺术完美的艰辛精神旅程的视觉再现，以及为此付出的代价。"在这部电影中，代价确实高昂——妮娜在每一步、每一个转身、每一个跳跃中都追求完美的执

着，摧毁了她的自尊和享受生活的能力。当她继续为这次演出狂热地训练时，她失去了对现实的控制，并经历了一系列奇异的幻觉，最终在首映之夜付出了血的代价。

好吧，这是电影情节，不是现实生活，但现实中也有类似的令人不安的故事，才华横溢、专心致志的人们，因为无法接受自己不完美的事实，而毁掉了自己的事业。凯特·费根于2017年出版的《马迪为何奔跑：美国青少年的秘密斗争和死亡悲剧》一书，讲述了大学运动员马迪·霍勒伦因破坏性完美主义而导致的悲剧。如果你像我一样，和严肃的芭蕾舞演员待过一段时间，他们就会告诉你，电影《黑天鹅》中的故事与事实相差并不大。

无论是真实的还是虚构的，这些故事的主线都是雄心壮志以及实现远大梦想的动力。最初对实践、学习等有用、有益、必要的动机变成了破坏性完美主义，强迫性地追求不可能达到的高标准，而一旦达不到这个高标准，自我批评和消极判断就会同时出现。拒绝接受人类不可避免的不完美，拒绝与之合作，没有什么能比这更快地消耗你的信心，或阻止你获得第一场胜利了。如果你为每一个错误、过失和不完美惩罚自己，你就不可能拥有自信。

破坏性完美主义与追求完美是不同的，追求完美是自律和奉献的体现，这种自律和奉献是保持进步的必要条件。如果你想要提升知识、技能和胜任力，轻微的完美主义是绝对必要的，就像大多数烹饪食谱中都需要少量香料来给这道菜增添一丝激情。但是过度的完美主义会阻碍你的进步，毁坏你的生活，就像加太多调味品会毁掉一顿饭一样。

每一个人，无论多么有才华，多么有成就，在生理上、技术上和心理上都是不完美的。这意味着你、你的老板、你的合作者以及你的竞争对手都会时不时犯错。无论你练习多长时间，无论你多么努力学习，无论你多么细心，在你从事的运动、工作或扮演的任何其他角色（配偶、父母、兄弟姐妹）中，你永远都不可能是完美的。

在你深爱的事情上永远无法做到完美，如果这个想法困扰着你，请让我为你提供一点安慰：你可以带着炽热的激情追求你所选择的专业或职业，你会成为一位鼓舞人心的成功者，即使世界上做得最好的人也不会执着于做到完美无瑕。研究表明，在任何领域取得最高成就的人，都是适度完美主义者。而完美主义程度最高的人只能获得中等成就，因为他们对犯错感到焦虑，从而阻止了他们及时采取行动。

那么，如何才能做到适度完美主义呢？如何利用完美主义健康的激励品质，而不让它变得具有破坏性呢？以下是我每年在西点军校与数百名学员分享的几条重要指导原则。

追求完美，但不要苛求完美。要明白，你不可能做到完美，但无论如何要去追求完美。带着"让我看看我能做得多好"的态度，去面对每一个任务、每一次得分、每一场运动、每一场预赛、每一次击球和每一场会议。也许你会表现得很好，近乎完美，也许你不会。如果你做到了，那太棒了！请尽情享受这一时刻。但是，当你没有达到理想的完美水平时（大多数情况都是这样），不要自责，不要认为自己是个失败者。相反，你应该客观地看待未来你能做的改变，告诉自己下次就这么做，然后忘记过去的不完美（第三章对此会有更多阐述）。你对人类的不完美做出的消极反应，而不是不完美本身在消耗你的心理银行账户，阻碍你获得第一场胜利。再次强调，这方面的科学论证是确定无疑的。此处引用一项已发表的关于完美主义和焦虑之间关系的研究："那些追求完美，同时成功地控制了他们对不完美的消极反应的运动员，在比赛中会经历更少的焦虑，拥有更多的自信。"

对你的不完美保持好奇，它们是价值连城的信息源。实际上，你可以从每一个错误、挫折或不完美中获得一定程度的信心，自信的人就是这么做的。他们从某种超然的角度来看待任何的不完美。他们不带任何感情色彩，客观地问自己，这个错误告诉了我什么？下次我要做出什么改变，才能做得更好？正是这种对自己不完美的好奇心，让他们不断学习和成长。用这种方式看待不完美，它并不会造成沮丧和愤怒，反而会成为你走向成功的垫脚石。如果你会犯错误（毫无疑问，你会的），不妨从中受益。

功能性完美主义的一个典型例子是格雷格·洛加尼斯，20世纪80年代，他在跳板跳水和跳台跳水比赛中获得了5枚奥运奖牌（4金1银）。洛加尼斯自称为完美主义者。"但讽刺的是，"他说，"为了做到完美，我必须稍微放弃完美主义。跳水时，跳板上有一个最佳位置。我不可能总是完美地击中它。有时我跳得偏后，有时又偏前，但是裁判分辨不出来。不论从哪里起跳，我都必须完成接下来的动作。我不能总想着这个起跳点。我必须足够放松，才能在记忆中找到如何做的线索。这就是我刻苦训练的原因。不只是去做，而是在犯任何错误的前提下也能圆满完成。"

　　我很想问问格雷格·洛加尼斯，在奥运会和其他世界级比赛中，他有多少次击中了"最佳位置"。我敢打赌这很少发生。我还敢打赌，在为他赢得金牌的大多数跳水比赛中，他都没有完美地击中最佳位置，但他"稍微放弃了完美主义"，以做出一个漂亮的跳水动作，并获得最高分。他知道自己无法每次都完美地击中跳板上的最佳位置，但拒绝让这份不完美影响他接下来的跳水（起跳、腾空、完成动作、入水），这是洛加尼斯在这项获胜者和失败者的分数差距极小的运动中，获得成功的关键因素。因为没有击中跳板的最佳位置而产生的一丝遗憾，因为没有做到完美而产生的一丝沮丧，都会使他的身体变得紧张，从而对他接下来的动作完成度和得分产生显著影响。格雷格·洛加尼斯一直致力于获得成功，他拒绝让遗憾和沮丧占据主导。每一次，他都努力跳到那个最佳位置，但无论是否做到，他都会坦然接受，并保持"足够的放松"（不担忧），展现出优异的一跳。

　　当你在工作中没有击中"最佳位置"时，你的典型反应是什么？你会保持放松，还是会紧张？接受你不完美的人类本性会有帮助的！

支柱 3　最容易被误解的自主神经系统对你有帮助，请爱上紧张感

如果你来找我咨询，那么在我们第一次或第二次见面时，我会与你进行如下对话。这些对话我已经进行过成百上千次了，谈话对象包括从事你能想到的任何运动的运动员，以及来自医学、商业和表演艺术领域的人。

你：医生，我在日常练习中都做得很好，但一旦参加比赛，我就吓坏了。我变得非常紧张、非常紧绷，我的大脑开始飞速运转。

我：你怎么知道你紧张？告诉我到底发生了什么，让你觉得"嘿，我很紧张"。

你：我能感觉到我心跳加速，手心冒汗，手抖得厉害，然后我的胃就开始痉挛，翻江倒海，像疯了一样。

我：好的，明白了。当你注意到这些事情发生时，你会想到什么？

你：我很焦虑，很不舒服。就像我之前说的，我的大脑开始飞速运转。

我：当你的大脑高速运转的时候，你是不是一直在想，你会在即将开始的比赛中做得很好？

你：不，不，不，医生。我告诉过你，我真的很紧张。我开始疯狂地担心。

让我们在此暂停，分析一下情况。当你即将步入演出的聚光灯下时，你的身体似乎进入了某种超速状态——心跳加速、肌肉抽搐、手心冒汗，还有众所周知的焦虑不安。这些生理感觉告诉你，你很"紧张"，在你看来，紧张是担心的原因。欢迎探索人类表现世界中最伟大的"精神错乱"——对人体自然有益的生理唤醒过程的误解。你告诉我，你感觉到的心跳加速、肌肉抽搐、手心冒汗、胃部痉挛的兴奋感是出现问题的信号。你需要知道的是，这种兴奋感是自主神经系统的自然过程，它实际上是你的朋友和盟友。这种兴奋感出现的唯一目的，是让你的表现上升到一个新的高度。它的工作原理是这样的。

词典对"紧张"一词的解释是：既可以指"容易激动或惊慌的"，也可以指"与神经有关的"。后一个定义对我们更有帮助。在我看来，"紧张"只是意味着你的神经系统更加活跃——大脑、脊髓和遍布全身的外周神经元比平常更加兴奋。为什么神经系统会这么活跃呢？原因很简单：每当你要做一些重要的事（不论是必须做的事还是想做的事）时，你的自主神经系统——不需要任何意识努力，维持心跳、呼吸、消化系统运作的身体部分——会做一些事情来帮助你。

就像将军在调动军队时，通过一系列指令对士兵下命令一样，大脑中的无意识部分知道你将进行表现，将信号发送到身体的每个部位，告诉器官、肌肉和腺体：嘿，有件重要的事要发生了。各单位注意！这些信号会传送到一个叫肾上腺的地方——位于肾脏上的两小团组织。作为优秀的小士兵，肾上腺在收到信号后会按照指示去做；它们立即响应并执行它们仅有的一种功能——将肾上腺素倾倒进血液中（可能是少量的肾上腺素，也可能是大量的，这取决于你的大脑认为当下的情况需要多少肾上腺素）。

肾上腺素通过神奇的循环系统回到心脏，然后从那里扩散到你的全身——血液流经的每一个地方。肾上腺素流到哪里，哪里就变得活跃起来：注入带有肾上腺素血液的心脏肌肉，泵得更加有力（因此心跳声大得让你无法忽视）；全身其他部位的肌肉也会接收到心脏输送出的"增强"血液，与大脑发出的"准备开火"的神经信号，开始如预期般抽搐，使你的手感到颤抖。连接大脑和胃部的1亿个神经元也变得更加活跃，使胃里敏感的平滑肌纤维像蝴蝶翅膀一样振动。

所有这些活动的最终结果是，你变得更强壮、速度更快、更警觉、更有洞察力（瞳孔也放大了），更充分地准备好面对这个世界。从本质上说，不需要任何意识努力，你的身体本身就能产生一种最高水准、量身定制、增强性能的化学物质，以满足你独特的生化需求，并以精确的剂量在准确的时间输送到身体各处，给你带来最大的好处，而且不用花你一分钱。另外，不像其他许多促进表现的化学药品，这是完全合法的！现在暂停一下，想一想，当你的身体感觉到你可能需要一点帮助的时候，它给了你一份如此强大的礼物，这多么美妙啊！

这份礼物——肾上腺素和神经活动加速——也会产生一些不必要的副作用，正是这些副作用令你产生了许多困惑。那急速跳动的心脏，那颤抖紧绷的肌肉，还有胃部的痉挛——那些你认为导致"大脑开始高速运转"的感觉，那些让你认为你很"紧张"的反应——实际上是你身体发出的信号，它已经添加了一些"火箭燃料"，现在准备好开始表现了。如果你正体验到这些感受，这仅仅意味着你的身体正在帮助你去做一些重要的事。

在这获得第一场胜利的关键时刻，当"火箭燃料"开始生效时，你会怎么想？请记住第一根支柱——驱动一切的是你的想法。你会不会想，一些能帮助我变得优异的自然而奇妙的事情正在发生，让我看看我可以做得多棒，然后进入成功循环？或者你可能会想，哦，我吓坏了，这真的很糟糕，然后掉入下水道循环？

不幸的是，我见过太多人选择了破坏性的下水道循环。为什么？也许与早期的表现经历有关，当你刚开始从事一项运动、任务或置身某种情境时，你还没有培养出应对它的技能或能力。由于缺乏技能，你可能经历了相对较少的成功，而在每一个不成功的时刻，你的身体都自然地分泌肾上腺素并进入唤醒状态，你可能学会了将这种唤醒与即将到来的失望联系在一起。即使你已经练习/学习并获得了足够的技能和能力，这种联系依然根深蒂固；当你体验到紧张感时，你仍然有一种即将出错的感觉。

这种联系不必永远存在。正如《从为什么开始》（*Start with Why*）的作者西蒙·西内克指出的那样，任何人都可以"改变叙事"。在他的一集"西蒙说"视频中，西内克分享了将紧张重构为兴奋的建议：当你"紧张"时，你会心跳加速，设想未来（通常是糟糕的场景）；而当你"兴奋"时，你也会心跳加速，设想未来（通常是愉悦的场景）。西内克抓住了关键——紧张和兴奋背后的生理反应是一样的：这种自然产生的唤醒是人类进化中形成的固有生理反应，是我们祖先的遗留物，这使得他们能够迅速调动能量来应对史前生活的不确定性。我们如何解释这种唤醒，我们对其的"叙事"，决定了我们是感到不安的"紧张"还是功能性的（可能甚至是愉悦的）"兴奋"。我们可以选择将这种唤醒解读为有益的还是有害的，是祝福还是诅咒。

我希望在阅读这一节内容的时候，你对唤醒的个人叙事的转变，对有益的自主神经系统活动的重新诠释就已经开始了。这可能发生在一瞬间，就像 NFL 前外接手海因斯·沃德那样。据《今日美国》（*USA Today*）报道，2006 年超级碗赛后，沃德改变了他对于紧张的叙事，因为另一位资深球员安慰他说，在这样一个重要时刻之前，感到胃部不适是非常正常的。"随后，沃德去了趟洗手间，解决了肠胃问题，并在 123 码（约 113 米）的距离内接了 5 次球，最终获得了本场比赛的最有价值球员奖。"

不论这是否发生在你身上，对于任何试图赢得自信的第一场胜利的人来说，这一点都非常重要。奥运会短跑选手迈克尔·约翰逊在 1996 年奥运会上，创造了同时赢得 200 米和 400 米短跑冠军的历史。约翰逊在奥运会结束后接受了美国全国广播公司记者鲍勃·科斯塔斯的采访，他问约翰逊，当他踏在 200 米跑决赛的起跑器上时，他的心是否在怦怦跳。几天前他已经赢得了 400 米跑的比赛。约翰逊回答说："当然，我的心怦怦直跳。我很紧张。"他接着补充道："当我紧张的时候，我感到很舒服。"让我们暂停一下，消化一下这句话：当我紧张的时候，我感到很舒服。这与大多数人（甚至许多资深表现者）对紧张的看法截然不同。约翰逊的发言表明，他把认为紧张是一种疾病状态的普遍叙事转变为"力量之源"，转变为他真正期待的东西。通过将紧张情绪从"敌人"转变为"盟友"，约翰逊再次赢得了第一场胜利。

现在，回到我和你的会谈中。

我：既然你已经了解了这一点，那么接受这个事实：紧张真的意味着你准备好了发挥最佳水平，如何？改变你对此的叙事，决定在紧张的时候感觉舒服一点，怎么样？

　　你：我从来没这么想过。这很有道理。

　　但原先的误解通常会以两种方式再次出现。

　　你：但是，医生。当我紧张的时候，感觉很不一样。这一点儿都不正常。

　　我：当然感觉不正常。为什么会正常呢？你要做的事情对你来说，比一些无意义的普通活动——比如给汽车加油或睡前刷牙——重要多了。你究竟为什么会期望有很正常的感觉呢？像迈克尔·约翰逊这样的冠军就知道，当他们站在聚光灯下时，那种感觉并不正常，他们期待着那种感觉，认为那是一种信号，表明一些特别的事情即将发生。

　　你：这和别人告诉我的完全不一样。我总是听说最好的办法是"在压力下保持冷静"或"给血液降降温"。

　　我：事实远非如此。他们的血液和其他人一样温热，但他们的外表看起来很冷静，因为他们已经学会：

　　（1）尊重自主神经系统的运作；

　　（2）在开始做重要的事情之前，就知道他们的神经系统会被"点燃"；

　　（3）拥抱他们新产生的能量。

一旦理解了这一点，就只需要给原先的误解最后一击。

你：我从事这项运动很多年了，我很擅长。我想，现在我不需要在比赛前感到紧张了。

我：你的紧张感（尽管我希望现在你已经将对其的叙事转变为"兴奋"了）在大约二十万年前就根植在了人类生物性之中，这种在重要时刻（如狩猎或躲避威胁）调动能量的能力，意味着更好的生存机会。即使我们不再依靠这种原始的"战或逃"反应来生存，这一古老的生物本能仍然存在于我们每个人体内，无论你多么有经验、多么有能力，它都将继续运作。

新英格兰爱国者队主教练比尔·贝利切克在 2019 年 1 月接受电视采访时承认，他在 NFL 执教 44 年，经历了 6 次超级碗比赛，但他仍然在每场比赛前感到紧张。"你想要在赛场上表现出色。在比赛中，我们都有必须做的事情。你想要出色地完成任务，而不是让你的团队失望，因为每个人都指望着你做好自己的工作。"当然，贝利切克与该领域里的其他人一样有经验和能力，但深深根植于他体内原始的能量调动过程仍然在每个周日"本能启动"。有 30 年经验的海军特种作战老兵理查德·马辛科对此表示同意："在执行任务之前，每个人都会感到一阵翻江倒海、难以自持的紧张。不管你有多老到、多熟练或多有能力，不管你在炮火下有多冷静，也不管你开过多少枪、打过多少敌人。直到你真的置身于枪林弹雨中，你都会感到紧张。"

　　接受这个简单的事实，就能缓解你的很多潜在怀疑和担忧。知道了这一点，当你紧张的时候，你就能感到舒服一点，因此在重要的场合你会更加自信。尊重自主神经系统的运作，你需要明白，在你开始做任何重要的事情之前，神经系统会被激活，尽情拥抱新产生的能量。这些都是迈向第一场胜利的重要步骤。

支柱4　练习不一定能得到稳定及时的回报，但那些你看不到的巨大变化正在发生

　　你可能听说过"一万小时定律"——如果你想成为某个运动、乐器或职业领域的专家，你就必须投入一万小时的练习。你可能已经读了关于专家表现的文献的最新发现：想要获得专业知识或技能，不是随随便便地练习一万小时，而是靠"刻意练习"——围绕特定的指导方针进行的练习。所有这些断言都基于一个假设：稳定、高质量的练习会带来稳定、高质量的结果。

　　练习和提高对我们追求成功和卓越有着巨大影响，但上文的说法忽略了与此有关的两个事实。一是，练习作为"投入"所带来的回报，即使在最好的情况下也是不对等和不一致的。无论我们多么努力地遵循每一个刻意练习的指导方针，我们都会经历瓶颈

期——很长一段时间，我们似乎没有一点进步。在这之后我们会迎来突飞猛进的进步，接着是另一个瓶颈期，接着是另一个爆发期，如此循环往复。但没人告诉过我们这一点。辛劳确实有回报，但远没有我们所相信的那样可靠，在我们似乎一点进步都没有的瓶颈期里努力坚持，是对耐心的一种巨大挑战。在当今这个追求即时满足、24 小时从不间断地获取信息、与任何人即时通信的文化背景下，我们很少能保持那种程度的耐心。毫不奇怪，当很多人发现实现梦想的道路不是一帆风顺的，而是崎岖不平、充满不确定性的时候，他们就放弃了。

二是，我们在自己的领域里追求成就的时间越长，在成功的道路上走得越远，在我们感到取得进步之前的瓶颈期就会持续得越久，而进步会变得越来越缓慢。投入的回报不仅不可预测，而且我们投入的时间越长，回报就越少。这一事实是挫折和自我怀疑滋生的沃土。如果回报不仅不稳定，而且会随着时间的推移而减少，那么努力工作还有什么意义呢？如果长期的停滞不前和短暂的进步，只是证明了你不具备在这项运动、乐器或职业上取得成功的条件呢？也许你该放弃，试试别的。此时，你就无法获得第一场胜利了。

要记住，你的投入绝不是毫无意义的，那些长期的停滞和短暂的爆发并不意味着你最终无法成功。每个追求成功的人——你的同龄人、竞争者和对手——都经历着同样的事情。如果你能接受这个事实并与之合作，只要比竞争者做得更好一点点，你就会为自己创造优势。

将这种挫败感降至最低，并为第一场胜利做好准备的方法，是要明白每一分钟的高质量练习，每一次正确的练习、演习和实践，都会给你的神经系统带来有益的改变，随着时间的推移，最终会带来实质性的进步。这些变化都很小，但积少成多，一旦达到一定的临界量，就会带来显而易见的顿悟时刻：网球发球突然变得更精准、法语说得更流利、对客户的销售话术变得更真实可信。我们在练习和学习的过程中并没有注意到这些进步，但重要的是，当我们似乎在原地踏步、毫无进展的时候，这些进步无时无刻不在发生。

美国教育家、哲学家乔治·伦纳德在1991年出版的《如何把事情做到最好》（Mastery: The Keys to Success and Long-Term Fulfillment）一书中，从大脑的习惯性行为系统与认知和努力系统之间交互的角度，描述了练习的延迟效应。简单地说，你必须刻意地努力养成一个新习惯或改变一个旧习惯，如同初学者学习如何握曲棍球棒，老手改进腕射技巧。一旦认知和努力系统通过刻意练习重新编程了习惯系统，有意的努力就会让位于习惯。现在，你可以握着球棒或者快速击球而不用思考该怎么做了。"此时，能看到明显的迸发式学习进步，"伦纳德写道，"但这种学习一直在进行。"（伦纳德着重标注了这一句）。知道学习一直在进行，会帮助你在遇到瓶颈时保持专注和乐观。你的神经系统的变化，以及创造你想要的进步的过程，就发生在瓶颈期。带着这种理解，我们就无须惧怕或忍耐瓶颈期了，而是应该重视它。就像把竞赛前的紧张感当作有益的能量提升的证据一样，你也可以把瓶颈期当作自己的"改进工厂"。

最近的神经解剖学研究提供了另一个关于练习延迟效应的有益见解，即神经元（组成整个神经系统的单个神经细胞）表面的髓鞘，在每次神经元被激活时都会生长。作为人类的我们所经历的每一个思想、感觉和行动，都是由特定的电信号穿过一系列排列复杂的神经回路而产生的。就在你读这一页的时候，一系列复杂的电化学反应正在把脉冲从你眼睛后部的视神经，沿着一条由神经细胞组成的"高速公路"，传送到位于大脑枕叶的视觉皮质。当你弹奏钢琴音阶、投球或分析销售报告时，其他同样复杂的神经通路也会被激活。这些回路的组成部分包括成千上万个从感觉器官接收相关信息的神经元、成千上万个根据我们的记忆和经历确定该如何反应的神经元、成千上万个触发动作的神经元。覆盖这些神经纤维的是髓磷脂，它是一种磷脂（某种脂肪的专业说法），由大脑和脊髓产生，作用类似于你家里包裹在铜电线外面的绝缘层。就像更厚的电工胶带或绝缘层让电流得以更快地在铜线上传导一样，更厚的髓磷脂层——人类神经系统天然的"绝缘层"——会使电化学脉冲在既定的回路中传导得更快。正如记者丹·科伊尔在《一万小时天才理论》（*The Talent Code*）一书中所写的："髓磷脂充当包裹这些神经纤维的绝缘材料，增加了它们的信号强度、传导速度和准确性。我们越多地激活一个特定回路，越多的髓磷脂就会优化该回路，我们的动作和思想就会变得更强、更快、更流畅。"回路被越多地激活，就会产生越多髓磷脂；髓磷脂越多，回路的效率就越高。

从这个角度来看，人类表现的改善，无论是投篮、解决微积分问题，还是在法庭上做结案陈词，都是随着控制表现的神经元达到新的效率水平而发生的，电信号在神经元中传递得更快、更平稳，时间也比以前更精确。由于神经回路被反复激活，髓鞘绝缘层变得足够厚的时候，电脉冲经过该回路的速度就会增加到原来的一百倍。

但有个问题——髓鞘绝缘层的形成是缓慢的。这个过程需要时间。法律学生对合同的理解或四分卫对下周比赛对手的理解，控制这些的神经回路在有足够的髓磷脂来进行优化之前，必须一次又一次地被激活，这需要激情和坚持不懈的练习。NFL 传奇教练文斯·隆巴迪可能不知道为什么"只有在词典中，'成功'（success）才会出现在'工作'（work）之前"，但他是对的。练习是变化之母，但这些变化发生得很缓慢，且不可预测。

伦纳德对学习系统的解释，以及髓磷脂的功能和发育的神经科学鉴定的结果，就是练习（特别是在现有能力边缘的刻意练习）能创造微小、即时的变化，即使这些变化并不明显，但随着时间的推移，一旦达到某个阈值，这一系列变化就会带来重大、显著的转变。我们通过练习所寻求的联结、建设、成长和实际进步，是当我们处于瓶颈期时发生的，而不是在突飞猛进的过程中发生的。在当今这个追求即刻满足的世界上，我们最珍视的是突破性的体验，即所有那些细微、难以察觉的变化积蓄到临界量，"引爆"明显进步的那一刻。但真正的进步发生在瓶颈期。伦纳德总结道："爱瓶颈期就是爱永恒的现在，享受必然爆发的进步和成就果实，然后平静地接受前方的新瓶颈期。爱瓶颈期就是爱你生命中最重要、最持久的东西。"

　　如果你和我认识的大多数严肃的竞争者一样，你可能并不真正"爱"瓶颈期状态。但是我希望你像其他竞争者一样，能够接受瓶颈期，明白只要你在瓶颈期中放下"高质量练习"的主流观念，就会有许多美妙但尚未显现的变化正在发生。你不必了解更多关于大脑重塑或髓磷脂优化的知识，你只需要知道，在内心深处有好事正在发生，这些好事终会浮出水面，显而易见。一旦理解并接受了这种观念，你就为赢得第一场胜利打好了基础。

第 2 章

创建心理银行账户 1：
过滤过去，采集珍宝

20 世纪 90 年代，在类似美国网飞公司这样的视频流媒体服务出现之前，去当地的音像店租影碟是家庭生活的每周惯例。妈妈或爸爸可能会选择一部剧情片或动作片，而孩子可以选择 G 级或 PG 级①电影。作为尽职的父母，我和妻子经常去音像店租影碟，我们租过的经典作品有《前妻俱乐部》、《反斗智多星》和《窈窕奶爸》（是的，我知道这讲的就是我自己的故事）。我们都挤在客厅的沙发上，打开现已过时的录像机。有一次在音像店，我的两个小女儿从货架上挑选完影碟后跑到我面前。"爸爸，我们能挑这个吗？"那是最近上映的喜剧《阿呆与阿瓜》，由金·凯瑞和杰夫·丹尼尔斯主演，他们扮演两个只有 10 岁儿童智商的傻蛋。我记得女儿选择的

① 美国电影分级制度是由美国电影协会负责组织的由家长组成的委员会，可以帮助父母判断哪些电影适合特定年龄阶段的孩子观看。G 级即大众级，适合所有年龄段的人观看；PG 级即普通级，有些镜头可能让儿童产生不适感，建议在父母的陪伴下观看。——译者注

这部影片并没有给我留下深刻印象，但作为一个溺爱孩子的父亲，我心软了，准备就此打发一个百无聊赖的夜晚。影片和我预期的差不多（滑稽和低俗的闹剧），但影片中有一幕让我不得不按下暂停键，倒带再看一遍。在这一幕中（也许你也看过），金·凯瑞扮演的罗伊——一个身材瘦长、相貌平平、不谙世事的男人——终于找到了美丽的玛丽（由当时即将成为凯瑞妻子的劳恩·霍利饰演），他问她他俩是否可能成为一对。玛丽不想显得无礼，但她对罗伊完全不感兴趣，她给了他一些模棱两可的回答，试图委婉地拒绝他。最后，罗伊坚持要她直截了当地告诉他，他的机会有多大。"不太大。"她说。"一百分之一吗？"罗伊问道。"更接近百万分之一。"玛丽回答，她知道自己伤了这个可怜人的心。刚听到这句话时，罗伊眉头紧皱、紧咬下唇，对求爱似乎没有希望而感到沮丧。但沉思片刻后，他咧开嘴露出一个大大的笑容，说："所以你是在告诉我我还有机会！"接着他爆发出一阵欢乐的号叫。他下定决心，他终于有机会恋爱了。当然，机会不大，但在他自己看来，这是一个值得庆祝的理由。他赢得了第一场胜利。

　　那一刻，罗伊展示了一种每个人都可以拥有的最重要的心理技能，如果想在这个冷漠无情的世界里建立信心，你必须掌握这种技能。他在选择性地思考——只允许产生能量、乐观和热情的想法和记忆进入他的头脑。他可能只有百万分之一的机会，但他全身心专注于这唯一的机会，由此感到欣喜若狂。因为持续的身心联结（见

第一章），罗伊的乐观感受将使他继续坚持对爱情的追求。

　　换句话说，罗伊展现了一个非常有效的心理过滤器，他所有的想法和经历在成为"流动总和"的一部分之前，在影响他的心理银行账户的存款量之前，都需要先通过这道屏障。这个过滤器在服务于心理银行账户时有两个功能。它允许那些产生能量、乐观和热情的想法和记忆通过，并增加心理银行账户的存款量；但它阻止那些产生恐惧、怀疑和担忧的想法和记忆进入，防止银行账户的存款量减少。如果拥有一个有效的心理过滤器，假设你在某个午后打垒球，四次击球中只有一次命中，它也能让你在晚上回味并享受这唯一一次成功的本垒打。当然，你可能也想在下次比赛前通过一些练习来改善击球姿势和挥杆动作，但是通过回味那一击命中的记忆，而不是重温三次失误来打击自己，你就会向神经系统中"看到球和挥动球棒"的部分展示一个你期望的景象，如此，第一章中描述的身心联结就能为你服务。

　　这正是棒球界最好的击球手一直以来的想法。入选名人堂的托尼·格温在每一场比赛结束后都会编辑击球的视频，以此来锻炼他的心理过滤器。在一个视频文件中保存了他每一次完美击中球的视频。他对于挥击合适的球，或放弃不合适的球做出正确的决定的视频，会存入第二个文件夹。第三个文件保存着他所有的错误决定，不论是放弃一个好球，还是决定挥击一个坏球。但第三个文件被立即永久删除了。为什么要把它删掉？格温说："我最不需要的，就是看着自己像个傻瓜一样挥击别人投出的曲线球。"各行各业的优秀表现者总是拥有强大而有效的个人心理过滤器。不管发生了什么，通过过滤器，他们都是以帮助自己走向成功的方式来感知在这个世界上的所有经历。当他们成功时，即使是在小事上（例如，在训练时的某个特定练习中取得了成功，在一个小测验或报告中取得了好成绩），他们会完全专注于这短暂的成功，让自己因此感到技能娴熟并为之自豪，并假设自己会再次成功。他们的过滤器允许建设性经验（无论多么小）很容易通过，并永久地存入他们的心理银行账户。当他们不太成功时，他们要么选择完全忘记，要么对这段记忆进行重构，这样不太成功的经历就不会对他们的信心产生负面影响。

心理过滤器是如何在最严峻的境况下有效工作的？下面举一个振奋人心的例子：关于美国退役陆军上尉约翰·费尔南德斯令人难忘的故事。约翰·费尔南德斯2001年毕业于西点军校。他来自美国纽约长岛，是一个可爱、勤奋的来自蓝领家庭的孩子。尽管不是全美明星队的一员，也不是高分明星，他在毕业那年仍被选为男子棍网球队队长。2003年4月，费尔南德斯中尉正带着他的野战炮兵排，从科威特向北前往巴格达。他们正在执行"伊拉克自由行动"。军队行进的速度很快，在连续两天没有睡觉之后，车队在巴格达南部停下来过夜，约翰决定在车队的一辆悍马车顶上打个盹儿。那时，他完全没有想到自己会成为伊拉克战争早期悲剧的一部分。

当约翰躺进睡袋时，他并不知道一架美国空军的 A-10 攻击机正从他头顶飞过。飞行员误以为约翰·费尔南德斯停下休整的车队是敌军，于是投放了一枚重达 227 千克的激光制导炸弹，炸弹在约翰附近爆炸，他被冲击波弹起并狠狠撞到地上，双腿严重受损。如果他躺在相反的方向，头冲着爆炸点，他肯定会被炸死。费尔南德斯中尉被直升机护送到了安全的地方。几小时后，在野战医院醒来的他得知了两个惨痛的消息：两名士兵在爆炸中身亡；他的双腿需要被截肢，右腿膝盖以下的部分和左小腿的下半部分必须切除。这位朝气蓬勃的年轻人，曾经的大学生运动健将，将在轮椅上度过余生，或者依靠假肢行走。"我当时就决定，我永远不会为自己感到难过"，多年后约翰对我说，"我告诉自己，我会拥有一个伟大的人生。"当约翰以特邀演讲者的身份回到西点军校，或与妻儿一起观看棍网球比赛时，我曾多次听到他对学员说："这没什么大不了的……就像你早上起床后，穿上鞋子和袜子一样。我只不过是早上起床后，穿上我的脚。"女士们先生们，这就是一个有效的过滤器。

本章致力于阐述该心理过滤器的构建和使用，以便你每天最大限度地往心理银行账户中存款，从而建立信心。事实上，"构建"这个词可能不太合适。你不必从头开始创建个人的心理过滤器，因为你已经有了。事实上，你一直都有，而且现在还在运作。这一刻，你的大脑正"放进"来自外部世界和内部思维世界中的某些元素，并"屏蔽"某些元素。在你清醒的每时每刻，它都忙于解释你周围的世界，唤起近期的和久远的记忆，指挥着从不间断的内部交响乐（或吵吵嚷嚷）。你如何"过滤"所有的心理活动，关注哪些部分、忽略哪些部分（就像托尼·格温所做的那样），将决定你的自我感觉，以及你是否能赢得第一场胜利。像托尼·格温一样，你每天都会基于你的所有经历创建视频文件。唯一的问题是，你的过滤器是在帮你建立建设性想法和记忆的心理银行，还是把努力、成功和进步的想法拒之门外，对你造成不利影响。

如果你的过滤器不像罗伊的那样，为你的未来创造很多兴奋感，可能是因为你一直都相信，让你的头脑充满产生大量能量和热情的记忆和想法是不切实际或不妥当的，可能对某些人来说这挺好的，但于你而言肯定不是。实际上，这种信念会让你更难在你所处的领域表现出色。这种信念只会鼓励你执着于自己的缺点、失败和不完美，而这恰恰与你想要的相反。请想一想，如果你不记得你的成就、不执着于你的优势、不憧憬想要的未来，那么你记得、执着、憧憬的是什么？很可能是挫折和失望。这其中的科学原理清晰明了：意识思维最有可能想到的，是无意识思维所理解和倾向的东西。因此，你可能会得到更多挫折和失望。

幸运的是，你不必一直如此。心理过滤器最大的优点之一就是你可以控制它。你可以选择让那些产生能量、乐观和热情的思想和记忆进入大脑，也可以选择那些产生恐惧、怀疑和担忧的思想和记忆。我们都有一种叫作自由意志的能力——选择每分每秒构成我们清醒意识的想法的能力。在心理学家维克多·弗兰克尔看来，这种能力就是"在任何特定环境下选择自己的态度"的能力，他将其认定为"人类最后的自由"。你可以选择保留每天生活中发生的建设性事物，从而建立自己的心理银行账户，也可以选择保留消极事物，将自己拖下泥潭。这里不存在中间地带，这是第一场胜利的起始。属于你的其他任何一切都有可能被夺走，但选择想法、记忆和自我信念的能力是不可动摇的。你现在拥有它，你也将永远拥有它。

心理过滤器在三个层面上运作。它过滤你过去的记忆，从很久以前到昨天刚刚发生的事情，再到五分钟前发生的事情；它过滤你的想法——你现在是谁，你能做什么；它过滤你对未来的想象，你要做什么，你要怎么做。贯穿这三个维度的是一条简单的原则——无论何时你想到你所处的领域，你都想要表现出色并最终取得成功。如果你是一名汽车销售员，每当你想到你的工作时，你就会想着做一笔好买卖，为客户提供很棒的体验。如果你是一名医学生，每当你想到你的学业时，你就会想到掌握每门课程的内容，拥有成功的事业。如果你是一名网球运动员，每当你想到网球时，你就会想到击出漂亮的球，赢得比赛，在赛季中表现出色。以这种方式思考你所处的领域确实有挑战性，没有人能 100% 成功地做到这一点。但你做得越好，你的心理过滤器就越能持续存款、阻止取款，你就越能为自己创造优势。

影片中可怜的罗伊缺乏可供他借鉴的经验储备。他缺乏现在可以帮助他的天赋和技能。他的前景极其暗淡，只有"百万分之一"的机会。但非凡的过滤器让他坚信，他唯一的机会一定会到来。我相信，作为本书的读者，你比罗伊有更多有用的经验可以借鉴。我相信你现在有比罗伊更多的天赋和更好的支持体系。我相信你的胜算要比百万分之一大得多。但是你的过滤器和罗伊的一样有效吗？你是否让过去的成功、现在的进步和未来的成就占据你的头脑，就像罗伊让百万分之一的机会主导他的思想，从而激励他坚持追求爱情那样呢？想象一下，如果你把过去有用的经验、现在的资源和未来的前景，与罗伊卓越的过滤器结合起来，你会变得多么强大。本章和接下来的两章将告诉你，你需要做什么来实现这种结合。本章的其余部分将告诉你如何管理记忆，如何过滤过去的经历以便创立你的心理银行账户，并开始每天持续存款。第三章和第四章将介绍如何过滤你当前对自己的想法，以及你对理想未来的愿景。

挖掘过去的记忆

我们从过滤一些建设性记忆开始。众所周知，人类是由记忆所驱动和影响的。著名的西格蒙德·弗洛伊德认为，我们最早的童年记忆一直存于潜意识中，并在我们的一生中操控着我们。尽管这一理论引发了激烈的争论，但即使是最严厉的弗洛伊德流派反对者

也承认，我们最清晰、最强烈的记忆片段会影响我们现在的行为和
对未来的期望。在它们的推动下，我们要么走向自信和信任，要么
走向怀疑和担忧。

练习一：十大成就

回想你第一次开始从事所选领域时的情况（从现在起，我将使
用"所选领域"这个词，指代对你来说最重要的，以及你最渴望
做好的事——你选择的运动、职业，等等）。你为什么喜欢那个活
动？是什么让你觉得它很酷，或很好玩、很有趣？也许你很难说清
楚，但我确信在你的记忆里有一种感觉，一种相当特别的感觉。把
注意力集中在那种感觉上，然后与它待一会儿。伴随着这种感觉而
来的是什么样的"画面"，是突然出现的静止照片，还是当你感觉
到它时脑海中播放的短视频？不管是什么，这是你的心理银行账户
的第一笔存款，这笔种子资金将会成长为一笔个人财富。我建议你
把它写在笔记本上。你也可以把它写进电子文档或手机软件里，但
科学告诉我们，使用钢笔／铅笔和纸可以让你记得更牢。把笔记本
或电子设备放在手边，因为接下来你还要往里面记录更多东西。

最初的感觉和画面是否会触发其他一些感觉和画面？如果你与
我的大多数来访者一样，都是业余爱好者和专业人士，你过去的大
量场景在脑海中已经潜伏很长一段时间了——愉快的、积极的，或
者令人兴奋的时刻，从你作为新手或初学者进入所选领域时，一直

到昨天为止。请把这些也写下来！

现在我们开始了。你识别出的每一个场景、唤起的每一段记忆，都是心理账户里的一笔存款。现在，你正在为关于所选领域的充满能量、激动人心的想法的"流动总和"做出贡献。这是建立信心的基础，这是获得第一场胜利的过程。

是时候再上一层楼了。让我们从你的过去挖掘一些被遗忘的珍宝，并将这些宝贵的记忆存入银行账户。我将这个练习称为"十大成就"。正如名称所示，这个练习能让你把 10 个最鼓舞人心、最激发活力的记忆从心灵最深处挖掘出来，并擦亮这些思想宝石，让它们重新焕发光彩。拿出一张白纸，把"我的十大成就"写在这张纸的顶部，然后写下你在所选领域里取得的十项成就。如果你是一名富有竞争力的运动员，请写下你在体育比赛中的十大高光时刻——赢得的比赛、进球数，等等。如果你是一名音乐家，请写下你演奏过的最优美或最难忘的作品，无论是在面对众多观众的大型舞台上，还是在你的私人练习空间里演奏的都可以。如果你是一名"白领运动员"，是每天为推动经济发展而工作的无数人中的一员，那可以写下你完成的项目、好好服务过的客户、对所属机构做出的贡献等。如果你是一名学生，写下你成绩最好的论文，老师对你的赞美，你学到的令人兴奋的理念或概念。我辅导过一位年轻的高尔夫球手，他的"十大成就"清单如下：

（1）在 1996 年北方和南方青少年大赛中完美无瑕的发挥……

（2）在 1996 年马来西亚高尔夫球协会青少年大赛中的绝佳表现……

（3）在 1997 年的不列颠哥伦比亚省公开赛中把球打上所有果岭……

（4）在 1998 年的佳能杯中，将球从树丛中打到距离球洞 3 米的位置……

（5）在 1999 年罗克兰青少年大赛中，在第 6 洞扭转局势，圆满结束比赛……

作为心理银行账户的宝贵存款，你的清单不需要多么令人惊叹。即使没有获得过世界冠军或诺贝尔奖，甚至没有参加过当地网球俱乐部每年在独立日举办的比赛，也没有关系。无论你在自己的生活中取得了什么成就，都可以写下来。每个照料小孩、打扫房屋的全职妈妈或爸爸都有很多值得骄傲的事情，比如教蹒跚学步的孩子说"请"，以及如何在当地游乐场和其他孩子分享她的玩具。每一个法学生、医学生、艺术生和汽车维修专业的学生能取得今天的成就，正是因为他们做了一些事情、制作了一些东西、掌握了一些知识，这使他们有资格继续深造。写这份"十大成就"清单，是你要为培养有价值的选择性思维技能而做的第一个练习。列好清单后，附上一张照片，无论是关于你正在做的热爱之事，或你正在为之奋斗的重要成就之一，都可以。以下是一名大学摔跤手的"十大成就"清单——来自2021年西点军校毕业生和美国大学体育协会摔跤锦标赛预选赛选手鲍比·希尔德。该样例展示了一个简单但有

陆军摔跤
鲍比·希尔德

十大成就时刻：
1.2018年胜过海军选手
2.2015年美国高中教练协会（National High School Coaches Association, NHSCA）全明星选手
3.2018年联盟国际摔跤（United World Wrestling, UWW）全明星选手
4.2014年第一次获州冠军
5.2015年第一次获军事职业生涯（Military Occupational Career, MOC）冠军
6.第一次在美国大学体育协会赛事上胜过德雷克赛尔大学
7.高中二年级之夜
8.第二次获军事职业生涯冠军
9.第二次获州冠军
10.美国军事学院预备学校（United States Military Academy Preparatory School, USMAPS）在宾夕法尼亚州获胜

下一个目标……全美冠军！

效的格式，可以让你在列清单时有更清晰的焦点。在顶部写下你的名字，以及你现在所属或希望加入的团队的名字。在名字下方放上你已经实现的目标或近期目标的照片，然后列出你的"十大成就"时刻，最后在底部写下目标，作为最后的提醒。

把你的"十大成就"清单做成海报贴在墙上，这样你就能经常看到它，提醒自己已经取得的成就和进步。

我有一些来访者一开始不愿意列"十大成就"清单，因为他们认为，在目前的境况下他们过去的经历不值一提。这些来访者往往在一开始向我宣称，他们曾经在所选领域是多么优秀，紧接着又告诉我，他们是如何丧失信心的。以下为一段我们之间的典型对话。

选手：医生，我不知道该怎么办。高中时，我三年都是首发球员，毕业那年我是球队队长和最有价值球员。我在高中三年级和四年级时都是最佳得分手，而且在这两年中我是全州明星球员。我得到了十多所大学的录取通知书，去年我的累计分数是球队所有新生中最高的。但我现在一点儿信心都没有了。也许我应该退出。

我：你有没有想起过在高中称霸的那些比赛，或者获得的那些全州奖项，或者去年在所有新生中取得的最佳成绩？

选手：天啊，我已经好几个月没想过这些了。那些都是很久以前的事了。

我：嗯……似乎你已经忘记了很多关于自己的事情，特别是那些你表现得非常优秀的美妙时刻。我想你忽略了力量和慰藉的真正源泉。

选手：但那都是过去的事了。我现在处于全新的竞争中，我过去做了什么已经不重要了。在当时的水平上我表现得很好，但这不意味着在现在的水平上我也能表现好。

我：所以你的意思是，曾经你是小池塘里的一条大鱼，但现在你只是大池塘里的一条小鱼。

选手：没错。

我：好吧，我想你没太搞清楚关于"鱼和池塘"的问题。假设你是家乡池塘里最大、最强壮、最健康的鱼。现在让我们想象一下，当地鱼类和野生动物管理局用网把你从池塘里捞出来，然后放到一个更大的池塘里，给你更大的游泳空间和食物。想象到了吗？非常好。现在告诉我，当一条健康的鱼被放进一个有那么大空间和那么多食物的大池塘时，会发生什么？

选手：它会变大，它会成长。

我：完全正确！这就是现在发生在你身上的事情，只是你没有意识到。如果你认为你被放入这个更大的池塘后，不知怎么地变小了，那你就错了。你还是小池塘里的那条又大、又壮、又健康的鱼。你需要记住，你是一条多大的鱼！

选手：哇！我从来没有意识到，我这样想是在低估自己！

你是一条多大的鱼？看看你的"十大成就"清单，我打赌你会对答案感到惊喜的。

练习二：你的日常 E-S-P

既然你已经启用你的心理银行账户了，就需要开始有意地维护打理，并保护它免遭损失。6 个月后，当你参加医学院入学考试或联盟锦标赛时，你想要拥有的那种自信，要么一天一天增强，要么一天一天减弱。事实上，每一天都是一笔存款的来源，如果你愿意寻找，你就能找到。

如果你是在一天快结束的时候读这一章的，请回顾一下今天发生的事情。如果你是在一天刚开始的时候读这一章的，那就回想一下昨天。无论哪种情况，你最近的练习、训练、学习、锻炼或工作日都给你提供了一个机会（可能有好几个），让你建设性地思考，为增强自信做出贡献。把你生活中的某段经历放进心理过滤器。那段时间发生了什么，你在那段经历中做了什么，让你为自己付出的努力而感到自豪，获得成就感，并取得进步的感觉？

拿出你记录"十大成就"的笔记本，翻开新的一页，在顶部写上你的过滤日期。在下一行的左边空白处写上大写字母 E。现在，找出你在那段经历中付出的一次努力（Effort），并把它写下来（你的练习、训练、锻炼、工作）。找出一个你倾尽全力的时刻。可能是某一次全身心投入的练习；可能是在健身房或者跑道上，你想要稍微放松一点但又没有的某个间隙；可能是你强迫自己整理和归档的一叠文件，或者下班前处理的最后一批邮件。只需要回答这个问题："我今天在哪里做了一些有价值的工作？"记下你这一天中真正付出努力的时刻（如果你不止一次付出努力，那就全部记录下来）。

完成了"努力"条目后，空一行，在本子左边空白处写上大写字母 S。现在，写下你在那段经历中获得的一次成功（Success），你把某件事做好的某一时刻。不一定要大获成功。在对方的严密防守下进球，没有任何中断的连贯动作，一次卧推举重个人纪录，都算数。同理，按时提交一份报告，收到赞扬或感谢，或当天的收入大于支出，也都可以算成功。只需要回答这个问题："我今天做对了什么事？"记下今天的成功，不管它多么不起眼（如果你获得了不止一次成功，做法同上）。

完成"成功"条目后，空一行，在本子左边空白处写上大写字母 P。现在，写下你在那段经历中取得的一个进步（Progress），你在某件事情上做得更好的某个时刻，即使没有做到完美。你是否处理了一些积压的申请？你是否可以以更接近指定配速的速度跑完间歇跑？你是否改善了与同事的关系，或者在谈判中离胜利更近了一步？只需要回答这个问题："通过努力，我在哪些方面做得更好了？"记下今天的进步，不管它有多小（如果你取得了不止一个进步……）。

利用每日 E-S-P（努力 - 成功 - 进步）反思和记录，每天至少可以将 3 个建设性记忆存入你的心理银行账户（根据反思的彻底程度，你甚至可以轻松地将 10 个建设性记忆存入银行）。完成这个练习可能要花 5 分钟，但这 5 分钟将确保你每天都为培养自信做出建设性的贡献。可以将其想象为一个反映你一天表现的简短精彩视频合集，就像足球明星梅根·拉皮诺埃的世界杯进球，或网球明星罗杰·费德勒在美国娱乐与体育电视台上的制胜球视频集锦一样。你每天的成功和进步可能不会上晚间新闻，但它们是你自信的基石，因此值得你的关注。通过记录每天的高光时刻，让自己感觉良好，这样你就能巧妙而有力地鼓励自己，重复那些让你取得成功和进步的行动。积极心理学研究告诉我们，当我们因为反思而体验到诸如骄傲、兴奋和成就感等积极情绪时，我们就会扩大行动范围，并为未来积累资源。

美国国家冰球联盟守门员安东尼·斯托拉尔兹作为一名崭露头角的选手，每天都用这种方式进行自我反思，在整整一个赛季中，他每次训练和比赛后都会给我发短信。他发给我的信息简单而直接（第一局阻止了二对一的突破；用手套挡住了从最佳区域射门的球；放弃一次进球后情绪马上恢复），但这些都是他心理银行账户的重要存款，并帮助他成为球队的首发球员和美国冰球联盟明星运动员（他就是众所周知的斯托里尔，目前效力于美国国家冰球联盟的阿纳海姆鸭队）。

有时，我的来访者会问："如果我反思了，但什么也想不出来怎么办？如果我无法每天都找到一个 E 或 S 或 P 怎么办？"我的回答很简单：你找得不够仔细。回想一下，工作日或锻炼／练习／课程的每一小时，甚至每一分钟。你真的可以说，你在任何地方都没有付出真正的努力，你没有做对至少一件小事，你做的每一件事都没有取得进步？一般而言，即使是最愤世嫉俗、最消极的人，也只需思考一分钟，就能在练习或日常生活中找到某个值得记录的时刻。

考虑一下，如果你不反思和过滤你的经历，会发生什么。是的，生活可能还是会继续向前，但你会错过很多机会来增加心理银行存款和积累积极记忆，错失一些当你需要表现的时候可以利用的东西。理财原则"丧失机会"，指的是如果你在不得不使用一笔钱之前将其花掉，那你就失去了它随着时间的推移而为你赚得的利息，同理，该原则对于心理管理也适用。由于没有充分利用日常经验，你错失了多少赢得第一场胜利的机会？你的努力、成功和进步没有得到承认，这很可能是你停滞不前的原因。

练习三：即时进展回顾

现在让我们来看看最后一个，也可能是最强大的创建心理银行账户的方法——过滤过去的记忆。当你尽可能多地存款，并给这些存款尽可能多的时间来赚取利息时，你的账户余额将增长得最快。既然如此，你可以利用这个机会，在工作中、练习期间或锻炼时，随时反思和过滤建设性记忆，而不是在结束时才做。

如果你的所选领域是一项竞争性运动，考虑一个典型的练习环节。它由一系列训练和其他由教练指导的练习活动组成，这些活动让你朝着成为（或留在）首发阵容的目标前进，为下一场比赛做准备，最终获胜。如果你是一名学生，想想你度过的典型的一天。你要参与一系列班会、实验和研讨会议。这些活动让你朝着获得学位的目标前进。如果你是前文提到的"白领运动员"，想想你在办公室或工作中典型的一天。你有一系列与同事或客户的会议，有大量时间在办公桌前、在通电话或在去往下次会议的路上，这些活动有助于你向为组织做出贡献、满足客户需求和谋生的目标靠近。在指定的练习或一天中，在这些活动中的每一项结束时，你都有机会快速地反思、过滤，并往你的心理银行账户中存入一笔"钱"。根据组成你一天的不同活动的数量，你拥有的机会数量可能真的很多。

假设你是高中、大学甚至职业篮球运动员。你身穿合适的队服，系好鞋带，并怀着好好训练的意图，准时到达训练地点。教练通过一些热身活动来让队员们动起来，然后宣布开始练习的第一项训练——在没有防守队员的情况下运球投篮。在教练吹响哨子，并宣布开始第二项训练——底线上的防守步法之前，你需要做10 次第一项训练的练习。就在你准备做第二项训练但还没开始的这个时刻，你要做至关重要的即时进展回顾（Immediate Progress Review，简称 IPR）。这是对在第一项训练中所发生的事情的一个小小的反思和过滤。与在日常 E-S-P 练习中，你将一整天的最佳时刻或高光时刻筛选出来一样，此时此刻，在进入第二项训练之前，你要对刚刚做过的 10 次投篮训练进行过滤，专注于做得最好的那次。当你慢跑到底线进行步法训练时，请牢记那一记最好的投球。将这个建设性想法存进银行账户，让自己获得良好的自我感觉。这只是片刻的认知活动，在你脑海中一闪而过的一张静态照片或短视频，一个很小的"高光时刻"，但这仍然是一个建设性想法——这是你想要的，而科学告诉我们，想着你想要的东西是得到它的第一步。

这时你排好队准备进行下一项训练，这项训练可能要做 6~8 次。教练再次吹响哨子，让你开始第三项训练——以比赛速度全场传球。当你排着队准备进行第三项训练时，你再次快速地回想、过滤，并将刚刚训练中的最佳表现锁定在记忆里。刚刚的训练中你可能没有特别好的表现，但肯定有几次表现比其他的好，肯定有一次确实比其他好一点，或者可能好很多。这是一个小小的"高光时刻"，你可以即刻将其存入你的银行账户，然后跑到传球训练的位置，同时对你的防守步法感觉更好了一点。

如果你在整个练习过程中，遵循这个训练—过滤、训练—过滤、训练—过滤的流程，你就能有效地回顾最近一段时间内取得的进步，因此该练习叫作"即时进展回顾"。在教练让你们做结束练习的放松动作之前，你就能将十几个小小的高光时刻存入心理银行。有了这十几个小高光时刻，当你回到更衣室，拿出笔记本或平板电脑做日常 E-S-P 练习时，你就有一大堆很棒的素材了。现在你就可以轻松地对练习进行反思，快速识别出今天的 E、S 和 P。更重要的是，通过将上一项训练中的最佳表现带入下一项训练，我敢打赌，你的总体练习效果会比以往更好。为什么？因为你通过对自己的想法进行建设性的控制，来保持良好的情绪。当然，教练可能会时不时地斥责你的错误，但你受过充分的训练，学会在训练中不断地寻找自己最好的一面。

同样，考虑一下如果每次训练后不做即时进展回顾会发生什么。如果你像我辅导过的数百名来访者一样，你可能已经养成了一种习惯，即记着训练中最差的那次表现，而不是最好的。开始第二项训练时，你会回忆自己投丢的那一球、做的一件蠢事，或是第一项训练中最明显的缺陷。重申一次，科学告诉我们，你想得最多的，很可能是你得到最多的，特别是当这个想法带有强烈的情感时。我敢打赌，你对自己有很高的期望，你真的想要提高和成功，但你必须注意自己把情绪能量投放到了哪个方面——那个方面正是你想要得到的。

在任何所选领域，几乎所有人都可以使用即时进展回顾。篮球运动员使用的训练 - 过滤、训练 - 过滤、训练 - 过滤流程，也可以被医学生、财务分析师和屋面承包商使用。你所要做的，就是找出与篮球运动员训练相对应的活动。在任何一节课结束后，每一名学生都可以暂时专注于这节课所涉及的一两个要点，他们感到自己现在对这一两个要点的理解比这节课开始时更加深刻。当我告诉我所辅导的西点军校运动员学员，过滤课堂经历和过滤体育练习一样有帮助时，他们无一例外地做出了"我从未这样想过"的反应。但很明显：在离开经济学或机械工程课堂时提醒自己，他们现在理解了一个原则或概念，会让他们对这门课有更大的把握，这能让他们以更好的态度准备下一堂课。如果像大多数学生所习惯的那样，在离开教室时心里想着这门课好难，或者下次测试会不会很难，他们就会忐忑不安地准备第二天的课程。再强调一次，你必须做出选择——寻找你自己和你所处境况下最好的一面（即使你"最好"的一面是只理解了教授写在黑板上的第一个方程，而这堂课的其他部分都云里雾里），或者无视这份理解及其带来的好处。

在你的生活中，什么是与前文提到的篮球"训练"相对应的？在你的工作或个人生活中，哪些离散的片段，为你提供了快速反思和将建设性记忆存入银行的机会？将这一概念呈现给一屋子神经外科医生时，他们几乎没花什么时间就列出了一长串可能选项：与病人的每一次接触、与团队成员的每一次商讨、每一个治愈的病例、每一份归档的手术报告都可以被过滤，作为能量、乐观和热情的来源。

以上三个练习："十大成就"清单、"每日 E-S-P"和即时进展回顾，都是让你可以充分利用记忆的方法，无论是很久以前的还是刚刚发生的记忆。这些练习都不需要花太多时间，承认吧——它们一点也不复杂。只需要你下定决心，日复一日、一刻又一刻地寻找自己最好的一面。对于那些从小就认为应该记住自己的错误和不完美，以此才能获得成功的人来说，这些练习代表着思维习惯的巨大改变。这些当前的思维习惯对你来说有多有效？不管发生了什么，这种思维方式能让你每天都能获得自信吗？套用鲍勃·罗特拉博士在著作《你的第 15 个俱乐部》（*Your 15th Club*）中的一句话："你现在的思维方式与你想要达到的成功水平一致吗？它能让你发现自己有多优秀吗？你敢改变它吗？"

让我们鼓起勇气！开始管理你的记忆，把尽可能多的"钱"存入你的心理银行账户。

第 3 章

创建心理银行账户 2：
在当下建设性地思考

800 米我跑了 1 分 56 秒。

800 米我跑了 1 分 56 秒。

800 米我跑了 1 分 56 秒。

在 2000 年美国奥运会田径预选赛之前的 9 个月里，有望成为奥运选手的亚历山德拉·罗斯每次走过门口时都对自己这样说。亚历山德拉正在为参加奥运会 800 米跑进行训练，这是对速度和勇气的严酷考验。如果你从来没有尝试过全速跑完 800 米，想象以你所能达到的最快速度冲刺 400 米，然后以 87.5% 的最高时速跑 200 米，接着猛踩"油门"，用尽全力冲刺最后的 200 米。有时间可以试试（务必确保自己足够健康），你会对像亚历山德拉·罗斯这样参与世界级竞赛的人怀有深深的敬意。

距离预选赛只有 6 个月的时候，亚历山德拉的 800 米跑个人纪录是 2 分 02 秒。她在间歇跑和计时赛上与全美最好的跑者保持一致，但她当时在全美只排名第 7。那么，她不断对自己说 "800 米我跑了 1 分 56 秒"——比她个人纪录快 6 秒——这句话有什么用呢？她在积攒第二章结尾提到的勇气，敢于让她对 800 米跑的想法与她渴望的表现达成一致的勇气。在这样做的过程中，她将 "心理过滤器" 的使用提升到一个新的层次，不仅仅是确保筛选出过去的建设性记忆，而是在当下进行常规和频繁的存储。这是她赢得第一场胜利的下一步。

虽然记忆是构成我们精神生活的极其重要的一部分，正如我们所见，也能给我们的心理账户带来至关重要的存款（或取款），但当下我们对自己的想法，以及我们对自己所说的数以千计的话语也许更重要。第一章指出，人类存在的基础是我们当下对自己的想法的循环过程（我们认为自己能力如何，认为自己有多少知识和技能），该过程会通过我们的行为展现出来，并在我们对其进行反思时得到确认和强化。我们对自身天赋、技能和能力的看法和信念，要么是限制我们的围墙，要么是通向新成就的大门。本章将向你展示如何将心理过滤过程延伸到当下，并在当下就你的自我观念提高你的自信建立能力。当然，你也会看到，亚历山德拉·罗斯在奥运会预选赛和之后的一些重要赛事上是如何做的。

当我向西点军校学员解释这个想法、行动和确认的循环时，我通常会要求他们反思一年级必修的体育课程之——PE 117 军事运动（Military Movement），学员称其为 "Mil Move"——中的

初次体验。西点军校体育教学部网站上对"军事运动"课程的介绍
是：包含 19 节课，旨在让学员接触各种基本的动作技能。该课程
是许多其他体育和军事活动的基础，学员将在西点军校和军旅生涯
中遇到这些活动。而另一方面，学员认为"军事运动"令人沮丧和
疲惫，因为他们要在 19 节课中完成一系列分级的平衡、翻滚、攀
登任务，然后在第 20 节课中测试，看他们在一个叫作"室内障碍
测试"的计时赛的压力下，如何将所有这些技能结合在一起。在这
个测试中（必须通过否则要重修），学员必须以最快的速度爬行、
攀登、奔跑通过 11 个障碍，在规定的时间内（男性为 3 分 30 秒，
女性为 5 分 29 秒）完成测试。这一切要在西点军校最古老的体育
训练设施（建于 1910 年、神圣庄严但尘土飞扬的海耶斯体育馆）
中完成，这意味着，当学员在爬、跃、跳、稳、攀，以及冲刺最后
的 350 米的测试中，会体验到那独特的胸部烧灼感——被戏称为
"海耶斯肺"。

　　我问他们："当你们在第一次上'军事运动'课排队登记出勤，
盯着垫子、攀绳、鞍马，以及海耶斯体育馆地板上摆放的其他设备
时，你们脑子里想的是什么？"我想听听他们是怎么对自己说的。
面对即将到来的挑战，他们是如何看待自己的。很少一部分学员，
通常是那些有体操、翻滚或攀岩经验的学员，回答说："我觉得这
看起来像一个大操场，有点酷！"这表明他们认为"军事运动"会
很有趣；或许有挑战，但总的来说是令人愉快的。然而，大多数学

员，特别是体形较大的男性（例如招募的橄榄球运动员）和较矮的女性，通常会这样回应："我对'军事运动'的第一个念头是，我以前从没做过这些事，我真不擅长，我可能真的会挂科！"与那些一开始就告诉自己这将是一场激动人心的挑战的少数人不同，大多数人一开始就告诉自己，这将是一场可怕的斗争。最初信念的不同导致了人类行为普遍原则的两种变式——自我实现预言。

我与学员关于这个话题的对话几乎总是以如下方式展开。

我：你认为你不适合做所有的翻滚、平衡和攀爬动作，基于此，你在每节课上投入了多少努力和精力？

学员：有些……不是很多……刚好够我撑过去。

我：你最后的成绩怎么样？

学员：还行……以 C 通过的……

我：所以你一开始认为你不适合这门课，觉得你会挂科。毫不奇怪，这种信念让你不愿付出太多努力，而努力不足又让你获得了刚好及格的成绩。我猜你证明了自己的想法——你不适合"军事运动"。

学员点头表示同意。我几乎能听到他们对自己说，是的，关于这一点我一直以来都是对的。

但接下来，我妙语连珠地解释了另一名学员在"军事运动"课上的经历，同样在上课的第一天，排着同样的队，盯着同样的垫子、攀绳和鞍马。与认为自己不适合参加即将到来的"军事运动"体能挑战的学员不同，该学员认为，这正是我的强项。我肯定能行。这个信念、这个想法：我就是为此而生的，让他获得了能量。想着"我就是为此而生的"，该学员在尝试任何课上教授的新技能时，没有那么多内在阻力，而是坚持把它们做好，即使他最初几次都没有成功。不出所料，在最初信念的驱使下，该学员付出的努力几乎肯定会让他获得更好的期末成绩。因此该学员，就像前一名学员一样，也证明了自己是对的，证实了他最初的信念。

听了这一切，认真地思考之后，学员们慢慢形成了一种新的理解：也许你对自己的信念，会通过你在某种特定情况下对自己所说的话表达出来，并最终决定你在那种情况下的真实体验。俗话说："想什么，来什么。"也许这句话有一定道理。欢迎来到自我实现预言的世界。

根据《牛津分析社会学手册》（ Oxford Handbook of Analytical Sociology ），"自我实现预言"这个词最早是由美国社会学家罗伯特·默顿于 1948 年提出的，指的是一种信念或期望，无论正确与否，都能带来预期的结果。默顿的观察是基于另一位美国社会学家威廉·艾萨克·托马斯的早期工作。托马斯在 1928 年提出了著名的托马斯定理："如果人们把情境定义为真实的，那么其结果也是真实的。"以上两种定义都包含一个概念，即人们对于某种情境的观点或信念——无论是西点军校的"军事运动"课程、即将到来的年度工作业绩评估,还是配偶 / 男朋友 / 女朋友脸上的特殊表情——会导致真实的结果。我们对一种情境所持的观点和想法("我不擅长这个"或"我就是为此而生的")构成了"预言",即一种对将要发生的事情的预测("情况会很糟"或"我肯定能行")。这些想法促进和激励了行为(微不足道的努力或好奇心和毅力),从而带来预期的结果,由此"实现"最初的预言。

这一人类生活的基本事实,在几乎所有活动的许多层面上都起着作用。比如,当学生认为他们擅长数学和科学,但英语和历史很差时,他们就会成为这种想法的牺牲品。当运动员对自己比赛的某些部分(篮球中的防守或网球中的正手击球)感到满意,但反复告诉自己比赛的其他部分(罚球或发球)不太好,他们也会深受其害。从计算机编程到长途卡车运输,在各种各样的日常工作中,无数人一旦让内心的声音"哦,糟糕,又来了"占据主导,即使只是片刻,他们就会成为这种想法的受害者。花点时间想想你的比赛、职业、专业的高光一刻,那些你做得特别出色的技能或职能。你是否会习惯性地提醒自己在这些方面有多优秀,并对自己的能力和潜能感到欣慰?相反,你是否会习惯性地提醒自己,你有多不喜欢其他任务或工作的某些部分,或者你在某些情境下有多没效率?你知道这会对你造成多大影响吗?重复上一章最后提出的问题,你敢改变它吗?

　　自我实现预言的力量和普遍性在历史上一直广为人知。俄狄浦斯和皮格马利翁的希腊神话告诉我们，我们对自己和他人潜在的最初信念可能造成悲剧（俄狄浦斯）和胜利（皮格马利翁）的结果。公元前 2 世纪，罗马皇帝马可·奥勒留在一系列关于自我完善的反思和文章中记录了他对自我实现预言的理解，后来以《沉思录》为名发表。在这本书中，他观察到"我们的生活是由我们的思想决定的"以及"生活的幸福取决于思想的质量"。钦定版圣经的箴言（第 23 章，第 7 节）提醒我们，"因为他心怎样思量，他为人就是怎样"。莎士比亚围绕一个国王不经意间实现的预言，塑造了著名的角色麦克白，这个预言导致了他的悲剧性死亡。在 19 世纪，美国先验论者拉尔夫·沃尔多·爱默生在就废除奴隶制、印第安人权利和人类的普遍进步进行演讲时，写下了"一个人每天怎样思考，他就是怎样的人"这句话。最近，新时代作家，如玛丽安娜·威廉森和韦恩·戴尔，鼓励他们的读者仔细检查他们告诉自己的故事以及他们自己构建的故事。

　　无论新或是旧，古典或是现代，以上所有表述都围绕着同一个主题：我们几乎在醒着的每一分钟都在告诉自己关于自己的故事，建立各种各样的预言，然后我们几乎不假思索、毫无意识地去实现这些预言。这些故事包括提醒我们下一步需要做什么，或者我们之前本应该做什么，我们擅长什么、不擅长什么，什么方面是正确、什么方面是错误的，等等。每一个这样的故事，我们对自己说的每一句话，都会进入我们信心的心理银行账户，让存款要么增加，要么减少。为了赢得第一场胜利，首先要意识到你告诉自己的关于自己的故事和陈述，你用来定义、强化和激励自己的主导叙事；其次，通过练习，确保你对自己说的故事和陈述符合上一章中通过心理过滤器的标准——创造能量、乐观和热情。

30多年的心理学研究表明，当人们肯定自己的价值时，当他们把当下对自己的特定建设性想法融入个人故事情节时，用斯坦福大学心理学家杰弗里·科恩和加利福尼亚大学圣巴巴拉分校心理学家戴维·舍曼的话来说，他们会对"自我胜任力持有一种完整叙事"。他们的研究发现，自我肯定在一系列广泛的活动中对行为变化有着积极影响，包括戒烟、学业成绩、人际关系和减肥。那些通过自我肯定技术建立了强烈的自我胜任感的人，能坚持学习新技能并更成功地应对挫折。通过这项研究，舍曼得出结论，"自我肯定可以导向自我完善，表现在防御和压力降低、积极行为改变更多、表现更好"。

哈佛大学心理学家阿利亚·克拉姆和埃伦·兰格在研究心态转变对酒店员工健康的影响时得出了类似的结论。仅仅通过将想法从"没有经常锻炼"转变为"每天打扫15个房间，进行了规律锻炼"，44名酒店员工在一个月内平均瘦了0.9千克，收缩压下降了10个百分点。在同一家酒店做同样的工作，但没有被教导将其工作视为锻炼的对照组员工，在同一时期内的身体变化明显较少。两组员工都报告说，他们在工作之外没有进行额外锻炼，而且两组员工都没有增加工作活动量或加快完成指定工作任务的速度。克拉姆和兰格得出结论："很明显，我们的心态在很大程度上影响着我们的健康。"

现在暂停片刻，思考一下从你内心深处发出的声音（或多个声音的齐鸣），到目前为止对你诉说了哪些故事和陈述。在将要进行一个重要的会面时，是不是有个声音在低语，你最好不要搞砸了？当你完成一节艰苦的训练课程后换衣服时，那个声音是不是在抱怨，为什么教练总是在我眼前晃？当网球嗖地飞出球场时，那个声音是否尖叫，你个白痴！我祖母都打得比你好！又或许，那个声音稳定、始终如一地肯定（令你坚定想法）当时你想要的感觉、质量或结果？当你将要进行重要会面，同时告诉自己"我要以坚定的决心和充分的理解迎接每一种新情况"时，那个声音是否给了你鼓励？在艰苦的训练之后，告诉自己"教练指导的每一个点都让我变得更好了"，是否能帮助你保持建设性视角？"这个得分点结束后，我马上能专注于下一次得分"这句话，能让你在错过一球后集中注意力吗？——我们对自己说出我们希望体验的现实，但措辞上仿佛这个现实当下正在发生。我们可以全天利用类似这样的肯定陈述来频繁地为心理银行账户增加存款，把普遍存在的自我实现预言，从小偷和敌人变成盟友和伙伴。

利用自我实现预言：写下心理存款单

现在你已经知道，你告诉自己的陈述和故事正在影响你的生命历程，它们影响着你投入各种任务、职能和行为的能量和精力，影响着你应对挫折的方式，甚至能改变你的生理过程，是时候开始利用它们来赢得你的第一场胜利了。是时候开始建设性地与自己谈谈你想要如何表现、你想要成为怎样的人了，不是在尚未确定的未来，而是在当下的现在。

从思考一项你现在拥有、较为满意的技能、品质或特点开始。希望你能想出一些……

假设你是一名有竞争力的冰球运动员。你可能会说，"我射门又快又准"，或者"我是一名可靠的防守球员"。

假设你是一名业余高尔夫球手。你可能会说，"我能很好地解读果岭"，或者"我用中铁杆击球很稳定"。

假设你是一名高管。你可能会说，"我能周全地处理分歧"，或者"我能很好地传达团队愿景"。

祝贺你，你刚刚写下了你的第一句肯定陈述。

现在，注意上面每个陈述句的结构。你看，它们都是个人化的：围绕着"我"——第一人称单数代词——而构建，指代的是你，独一无二的你。这很重要。建立自信就是建立你的个人心理银行账户，你对自己的全部想法，这意味着像"周全地处理分歧很棒"这种一般、非个人化的表述不会以某种方式对你的信心造成多大影响。这句话虽然完全正确，但并没有聚焦在你身上——那个你正在为之建立自信的人。要让肯定陈述起作用，要利用它创立心理银行账户，它必须是个人化的，就像"我能周全地处理每个分歧"这样（注意，第一人称复数代词"我们"可以用在对有共同目标的团队进行肯定时，如"每次比赛开始后我们都团结一心"或"我们的集体经验使我们能够处理任何客户的问题"）。

你也会发现，上面的每个陈述句都是现在时，这意味着其表达的是现在发生的事情，而不是期盼的未来。这一点也很重要。你的心理银行账户余额是你现在所拥有的东西，而不是你将来想要拥有的。使用将来时告诉自己"我将在团队会议上成为一个更好的倾听者"，这对你试图建立和维持的确信感没有多大帮助，因为它往往会提醒你，你现在不具备这些特质。多年来我注意到，大多数表现者，他们的自言自语中包含很多未来导向的语言，比如，"我将会培养出这项技能……"和"我的执行力将会提高……"，习惯性地把真正的改变推迟到未来，这本质上是一次又一次的拖延。因此，全部用现在时来表达，以此在肯定的过程中加入一些紧迫感。此时此刻，是我们唯一真正拥有的。快将它利用起来！

最后，你会发现，上面的每个陈述句都是用积极语气表达的，这意味着表达你想要的，而非强调你不想要的。一句有效的肯定陈述断言（即坚称或确认）一些东西是令人向往的、有价值的，而不是贬低、否定或拒绝你试图避免的东西。

这是一个许多人无法理解和利用的关键区别。网球运动员所说的"我的第二次发球决不会失误",一开始听起来可能与"我的第二次发球正好落在发球线内"没有什么不同,但它在神经水平上会造成显著不同的影响。显然大脑中控制网球发球执行的部分,无法很好地区分"第二次发球绝不会失误"与该发球确实"失误"的差别,它只能识别动词"失误",并激活与发球失误的记忆相关的神经通路。每一次重复"我的第二次发球决不会失误"的想法,本质上是要求大脑一次又一次地检索那些记忆,每一次都激活相关的神经通路。不幸的是,随着每一次激活,这些神经通路就运行得更快、更平稳、更强健。所有这些都会导致一个令人吃惊的神经学事实,思考你不希望发生的事情只会强化大脑对它的熟悉程度,而使它更有可能真的发生。因此,虽然表面上看,"我的第二次发球决不会失误"这句话似乎是教科书式的"积极思维",但实际上它在强化一些我们并不想要的东西,并将这种不想要的行为的生理过程深深植入神经系统。很明显,更有建设性的选择是,通过用现在时告诉自己你想要的事物,表述时就如同你已经拥有它或它已经发生了一样,将与你期待的行为(第二次发球正好落在发球线内、与工作团队达成共识、精准解读客户的肢体语言)相关的神经过程嵌入大脑。

对于那些追求第一场胜利的人来说,其中的含义显而易见——对自己重复一个关于自己的故事，并在故事中使用现在时态的积极、个人化的表述，你就会往心理银行账户中存款，并培养确信感。肯定你的技能、能力和积极特点，会改变你对自己与所选专业、运动或职业之间的关系的看法，并开启建设性的自我实现预言。而这只是开始。

肯定陈述对于定义和强化你现在所拥有的东西十分有效，但它们真正的力量在于，它们对你还未拥有的技能、能力和特点，以及你目前追求但还未达成的成就所造成的影响。本章开篇提到的有望成为奥运选手的亚历山德拉·罗斯，她的 800 米跑个人最好成绩是 2 分 02 秒，这个成绩固然不错，但不是她想要的。她没有专注于现在最好的成绩，而是把精力投入一句简单的肯定陈述——"我 800 米跑 1 分 56 秒"，每天对自己重复说很多次。虽然有些人可能会说这只是她的一厢情愿，但我们目前所回顾的科学研究表明，她正走在正确的道路上（绝无双关之意）。与严格遵循现实主义，只相信她已经达成的成就相比，通过确认她想达到的跑步时间——实质上就是对它说"是"（"确认"就是说"是"），亚历山德拉·罗斯给了自己一个更好的机会，来发现自己到底能跑多快。

花点时间考虑一下，对你来说，与罗斯想达到的 800 米跑成绩对等的个人成就是什么。你想在职业生涯或个人生活中实现什么目标？你确定吗？你能在当下对它说"是"吗？进一步说，你是否肯定（说"是"）可以帮助你达到预期结果的技能和能力上的任何改进或改变？这是建立信心的下一步——稳定持续的有效肯定，每天都往心理银行账户中存入很多"钱"。

　　该如何做呢？让我们以有望成为奥运选手的罗斯为例。她的肯定陈述"我 800 米跑 1 分 56 秒"，是由一系列有关训练和实际跑步成绩的肯定陈述支撑的。

　　· 在每天的训练中，我都在调整自己的姿势和步幅。

　　· 我按教练设定的时间完成了每一次间歇跑。

　　· 我的状态非常好，即使我因病休息了几周，我也还是能跑出很好的成绩。

　　· 我在热身和比赛前那一刻的状态非常兴奋。

　　· 想到在下一场大赛中有机会跑出 1 分 56 秒的成绩，我比以往更加兴奋。

　　下面是摔跤运动员菲利普·辛普森在争夺美国全国大学生锦标赛冠军时，所用的肯定陈述：

　　· 我每天都有目的地训练。

　　· 我把每一次练习都当作提高的宝贵机会。

　　· 我每周有六天在晚上 11：30 上床睡觉，以便恢复体力。

　　· 每隔一天，在团队训练结束后，我都会花 15 分钟进行爆发力训练。

·我现在的状态相当好，我很满意。

·我站在冠军台上，双手高举，直冲天花板。

下面是一个杂志行业的"白领运动员"在努力成为出版商时，使用的肯定陈述的例子：

·我每周至少打 10 个销售电话，倾听和了解影响销售人员的问题。

·我创造了一种文化，在这种文化中，每个销售代表都在宣扬出版物的独特价值。

·无论在什么情况下，我都沉着果断地进行领导。

·我是一名能让团队相信我们杂志潜力的领导者。

现在轮到你了。请拿出纸和笔，写三个陈述句来肯定一些你最好的品质和技能，或者一些你采取的有效行动。参考上面的例子，并遵循以下五条规则：

1. 以第一人称来表述——"我在日常工作中，引人注目且有影响力" vs "好领导是引人注目且有影响力的"。

2. 以现在时态表述——"我喜欢激烈的比赛" vs "我将在激烈

的比赛中做得更好"。

3. 用积极的语言表述——"我能有效地组织活动和时间"vs"我不会再浪费时间"。

4. 用精确的语言表述——"我以每英里7分钟的速度跑4英里①，每周跑3次"vs"我经常跑步"。

5. 用充满力量的语言表述——"从任何位置，我都像一颗出膛的子弹一般射出"vs"我从任何位置起跑都很困难"。

现在，为你的第一场胜利迈出下一步，再写三句肯定陈述。第一句是关于你现在没有但希望培养的品质或技能（"当我的团队不理解我时，我的信心依然高涨"）。第二句是关于你现在没有采取但你知道会有所帮助的行动（"我每周至少打10个销售电话"）。第三句是关于你希望达成但还没有达成的成果（"我站在冠军台上，双手高举，直冲天花板"）。遵循前文的五条规则（第一人称、现在时、积极、精确、有力）来写下这三句陈述。每一句话都要表述得仿佛你已经拥有这种品质、已经采取了这个行动，以及已经达成了梦想的成就一般。

这个练习可能会让你走出自己的舒适区。你对自己说"我每周去健身房3次，早上8点到，努力锻炼"，而在过去的6个月里，

---

① 相当于6.44千米。

你做得最好的时候是每周去两次，因此你在说这句话时可能会感到很不舒服。也许内心有个声音告诉你，用现在时和积极语气去想你从未做过的事情，这只是在欺骗自己。假设你的业务仍处于构思阶段，虽然你当然希望每月净现金流为正，但你认为在某个日期之前确认"我实现了每月净现金流为正"是不现实的。我的来访者经常向我提出这样的问题："难道不应该更现实一点吗？我这样做不是在欺骗自己吗？"

当被问到这个问题时，我会播放一个 1992 年的老视频片段。这个视频展现了 1986 年、1989 年和 1990 年环法自行车赛冠军格雷格·莱蒙德在一个陡峭的山坡上蹬自行车的场景。视频一分钟多一点时，屏幕上正播放着莱蒙德加速超过一群其他自行车手，同时配上了莱蒙德的内部对话（讲述自己想法的内心声音），正在发出源源不断的肯定之音："现在山坡变平缓了……我的腿很强壮……我的背很强健……根本毫不费劲……就像呼吸一样简单。"在展示了视频片段后，我问观众，是否有人认为格雷格·莱蒙德快速登车上山时真的感觉很好。我总是会得到"当然不！"的回答。观众是对的，在那一刻，莱蒙德当然不会感到无比强大或毫不费力。然而，这是关键，莱蒙德并没有专注于他实际上可能经历的任何不适或努力，而是肯定（说"是"）他想要拥有的现实，在那一刻他想要体验到的理想的感觉和舒适程度。随着他不断对自己做出个人化的、现在时态的、积极的、精确的和有力的陈述，莱蒙德赢得了战胜疲劳和自我怀疑的第一场胜利。他创造了一个建设性的自我实现预言——关于那一刻在上山的比赛中付出的努力，并通过这样做，激励他的心脏、肺和肌肉的功能继续维持在最优水平（回忆一下通过相信自己正在进行规律锻炼而减重和降低血压的酒店员工）。在你下次去健身房或跑步训练时，试试类似莱蒙德的肯定陈述。当你在健身自行车、椭圆训练机、跑步机上喘气时，或者当你在人行道上猛跑时，告诉自己你想要怎样的感觉，仿佛你真的感觉到了：*我的呼吸稳定而充分……我的步伐平稳有力……我喜欢心跳加速和血液流动的感觉*……我从来没有听说过有人在这样做之后报告说，他们在整个训练过程中没有感觉更好，也没有表现得比预期好一点，仅仅是将他们当下的想法和期望达到的表现结合起来而已。你赢得了第一场胜利。

理解了这一点后，我们就将问题从"我是否现实？我在欺骗自己吗？"转变为了"此时此刻，我是否在尽我所能帮助自己（和我的团队）？"。你是真的实事求是，还是只是在为一些消极的想法辩护？如果一个篮球运动员对于肯定陈述"我能保持 100% 的罚球命中率"感到犹豫不决时，声称"我只是现实地看待自己"，那么他只是基于投篮失败的记忆维持了一种消极的自我形象，并在不知不觉中卷入了消极的自我实现预言。如果该球员客观地回顾他所有的比赛，他肯定会找到一两个罚球投中的记忆。他投进的球和他投丢的球一样"真实"，可以作为建立自我形象的基础，也可以构建一个更有建设性的自我实现预言。他与在"军事运动"课程中害怕爬行、攀爬和平衡任务的西点军校学生没有什么不同。此刻他们对自己的看法可能都是绝对正确的。他们可能确实在过去的某个时间或某些时间，在罚球或某些体操任务中失败或表现很糟糕。这是事实，不容否认。但这是否意味着他们现在无法成功？他们是"现实的"还是无意中选择了消极？无须深入探讨存在主义哲学以及关于现实到底是什么的问题，我们都是通过一种深刻的个人视角来体验世界和生活的，这种视角塑造了我们独特的感知，并决定了在任何时刻对我们来说什么是真实的。即使是"明天的日出"这样简单的事情，也可以被看作又一个威胁事件的开始，或者长期机遇的开端。两者都是真实的，但你想要哪一个？不管是从截至今天的短期来看，还是由一千个明天构成的长期来看，哪一个对你最有利？

利用自我实现预言：经常存款

选择 1：睡前笔记

美国速滑选手丹·詹森即将参加他在奥运会上的最后一场比赛，这是他参加的第四届奥运会。他在 1984 年萨拉热窝奥运会上的表现不尽如人意；心爱的妹妹惨死的消息，令他于 1988 年参加卡尔加里奥运会时摔倒，未能完成比赛；而他在 1992 年阿尔贝维尔奥运会上的成绩更令人沮丧（短道速滑 500 米的第 4 名，短道速滑 1000 米的第 26 名）。丹·詹森的遭遇令人疑惑不解。为什么这个曾经刷新世界纪录并赢得世界冠军的家伙，在奥运会上似乎就无法好好表现呢？但在他参加的最后一次奥运会比赛，1994 年利勒哈默尔奥运会的短道速滑 1000 米中，丹·詹森出人意料地以 1 分 12 秒 43 的成绩夺得金牌，创造了世界纪录。是什么造成了差异？詹森与运动心理学家吉姆·勒尔所做的工作，至少是致使他成功的因素之一。"这让我真正喜欢上了 1000 米速滑。"詹森回忆说，"之前我几乎可以说是害怕 1000 米比赛；我知道在滑了那么久之后，我在最后一圈会感到疲惫，我几乎肯定我会很累。"

知道了预期会疲劳是一个潜在的灾难性自我实现预言之后，詹森和勒尔进行了很多训练。"所以我们做了很多疯狂的事情，"詹森回忆说，"比如每天都写下'我爱 1000 米速滑'。"事实上，在 1994 年奥运会（这是詹森在退役前最后一次参加奥运会的机会）之前的两年里，勒尔让詹森每晚在笔记本上写十几遍"我爱 1000 米速滑"这句肯定陈述，这种做法有效地启动了积极自我实现预言，该预言让他可以提升能量和热情，而不是担心最后一圈会累。（我认识吉姆·勒尔，他坚持让他的来访者进行这种严肃的练习）

我把这个"睡前笔记"练习推荐给我所有的来访者，让他们在心理银行账户里多存一些钱。丹·詹森两年时间里在"睡前笔记"

中记录了 8670 条肯定陈述，这是他的一大笔存款。在一天结束之时，在笔记本或日记中写下 3 条你的肯定陈述，每条至少写 3 遍。任何想要赢得第一场胜利的人都可以花 5 分钟来做这个练习。当你写下每一句肯定陈述时，让它们创造一种强烈的内在感受。如果你在肯定一项技能或动作（"我的速度比任何对手都快"），那就让自己感受到这种状态。如果你在肯定一个结果或成就（"我是 2020 年年度销售冠军"），那就让自己感受这个结果带来的成就感。让你一天中的最后一个想法变得个人化、积极、有力，这会让你的潜意识思维在睡觉时处理有用的材料，而不会受到意识思维的干扰。你甚至可能会发现，以这些美好的感觉结束一天，可以获得更平静的睡眠。

选择 2：敞开大门

你每天要经过门口几次？当我问西点军校的学员这个问题时，他们眼神游移、脱口而出："好多次！……太多了数不过来……我不确定但肯定有很多次！"如果每一次你走过任何一扇门，你都把它作为往心理银行账户存款的机会，对自己重复你的 3 句肯定陈述，那会怎么样呢？如果你把走过的每一扇门都当作触发你重申自己渴望的品质、行为或结果的机会，你会在心理银行账户里存入多少钱？欢迎进行"敞开大门"练习。

亚历山德拉·罗斯选择了这个练习，并在 2000 年奥运会田径预选赛之前的 9 个月里一直坚持这么做。虽然她从不计算走过的门的数量，因此她重复"800 米我跑了 1 分 56 秒"的次数也不得而知，但我们可以通过一些快速计算来一窥究竟。如果你平均每天要走过 50 扇门（你可以自己计算一下，这是很真实的数据），为期 9 个月，总计 13500（每天 50 次 ×270 天）。她在我的推荐下选择了这种方法。为什么要在一天中的某个特定时间来进行肯定呢？尽管许多治疗师和人生教练都建议在睡前这种相对放松的时刻来重复肯定陈述，这样大脑就能在睡眠中处理高质量材料（当然也没有理由不这样做，就像"睡前笔记"建议的那样）。据我所知，没有任何科学数据支持只能将肯定过程限制在一天中的特定时间。为什么不最大限度地增加你一天的存款数量呢？想想你一天中会为当前问题或即将到来的表现担心多少次。为什么不扭转局面呢？

　　我从未问过罗斯，她有多少次担心不能实现自己的奥运梦，但她承认，她经常自我怀疑，她知道这影响了她的跑步成绩。就这方面而言，她完全正常。但与许多否认自我怀疑、拒绝承认自己陷入了无效自我实现预言的运动员不同，罗斯决定做点什么来改变，并开始利用"敞开大门"练习来建立信心。将此作为常规练习是一个挑战。像许多每天都在为例行训练和自我怀疑而挣扎的运动员一样，罗斯一开始对肯定自己想要的 1 分 56 秒的成绩感到不舒服。我是谁，凭什么认为我能做到？她起初这样想。"你是谁，为什么不能这么想？"在我们早期的一次会谈中我这么告诉她，并给她看了作家玛丽安娜·威廉森的一篇文章《我们最深层的恐惧》(*Our Deepest Fear*)。"3 名选手将参加美国奥运会女子 800 米赛跑，"我继续说，"其中一个可能就是你。"因此，罗斯把重新审视她的态度和思维习惯，作为严格的体能训练的补充。她很快就意识到，过于认真的完美主义和不断地与其他选手进行比较，阻碍了她的进步，事实上，想想自己想要的东西是可以的。她创建了自己的心理银行账户，开始存款。

在一个月的时间里，每次走过门口，罗斯都会重复她的肯定陈述，她发现她对自己创造的自我形象越来越满意。她最初的跑 1 分 56 秒的信念转变为一种越来越强烈的自我意识，她觉得自己成了获得 1 分 56 秒成绩的跑者，尽管她还没有在比赛中跑出这个时间。（见附录一，这是我在这几个月里为罗斯编写的个人脚本。）她以前在整个大学生涯中参加比赛时都充满了自我怀疑，这种自我怀疑逐渐消失，变得无关紧要。她新建立的确信感、来之不易的第一场胜利为她带来了丰厚的回报，在 2000 年的奥运会预选赛中，罗斯连续两次创造了个人最佳成绩，成为唯一一个达到这一成就的选手，赢得了 2000 年奥运会代表队的替补席位。她最后获得了 2 分 01 秒的成绩，这虽然不是她一直宣称的 1 分 56 秒，但却是她有史以来最好的成绩，尽管在比赛中出现了两个意想不到的重大劣势：不得不在最靠里、最不利的赛道上起跑，这使得她必须跑过最狭窄的弯道，而不是大步跨出去，还必须跳过一个误伸到赛道上的麦克风。

虽然她从来没有跑过 1 分 56 秒，但毫无疑问，罗斯赢得了她的第一场胜利。

而这仅仅是开始。罗斯获得了美国陆军卫生专业奖学金，从乔治敦大学医学院毕业，然后完成了骨科住院医师实习，她是少数几个获得这一成就的女性之一（截至 2018 年，只有 6% 获得专业认证的骨科医生是女性）。要想在这个高要求的领域取得成功，她需要帮助她进入奥运代表队的同等程度的自信，因此她继续对自己说她想成为什么样的人、想达成什么目标，就好像一切都实现了一样。为了帮助自己应对压力和睡眠不足，她肯定道，"我快乐地生活，清楚地意识到我能控制自己的思想从而控制命运……面临困境我能保持冷静……我能捕捉到任何自我批评，并且立刻将其抛到脑后。"为了帮助自己记住人体解剖结构，她对自己肯定道："我能很快说出肌肉起点、附着点、神经分配和功能……我的手术暴露和术中解剖知识很牢靠……我能流畅地展示学到的知识。"为了克服由男性主导、充满敌意的工作环境，她肯定道："我对每一个病例的诊断和治疗方案都做了充分的准备……我对我所做的事情、我是谁以及我为什么选择这个专业感到泰然自若。"

在完成住院医师实习后，罗斯在美国陆军担任了 6 年骨科医生，直到 2014 年退役。她曾在南卡罗来纳州的杰克逊堡、韩国首尔的第 121 战斗支援医院服役，并于 2011 年 5 月被派遣到阿富汗的北约医院，为期 6 个月。在那里，在可怕的屠杀中，她每天都在

中信出版·心界

用心，
重新定义世界

心理学常说：外在的世界是怎样的不重要，
而你对这个外在世界的解释对你而言才是最重要的。
所以心的领域是一个自由的、由个人而把握和形成的世界。

用心来感受、理解、
解释并憧憬的世界，
是一个红尘心的维度和领域。

商业领导力心理学

对自身和人本身的深刻了解，才是商业和管理成功真正的秘密。

【系列简介】

管理的根本是人，是人的思维和决策。不论管理者本身，还是管理对象，都是人的构成。但是，我们每一个决策、每一次行动都会由情绪调动。那些冲动、不安、焦躁又是怎样影响我们的社会行为？本系列从人的权力、情感、思维及沟通方式出发，最后落到理性决策，在商业和领导力的五个维度上给出了清晰的理论基础和提高解决方案。

《权力》

斯坦福大学最欢迎的权力课！全面探讨了权力的本质、权力的两面性、权力的表演和权力的更有效发挥。将权力的责任与意义，权力对人对己的平衡与运用，都给予清晰阐释。

《无所畏惧》

多位世界500强商业领袖联合推荐！从人类情感和社会意义角度出发，教导领导者如何跳出自己的舒适区，更多的共情与分享，勇敢面对挑战与创新，从4大技能出发，帮助其加强领导力、凝聚力、树立威望，并领导企业获得持续发展。

《理性决策》

神经科学家教你如何在不确定的世界做出正确的抉择！本书深度揭秘大脑决策的神经机制，将各种认知失真、黑箱思考，和行为扭曲进行科学阐释，帮助建立正确思维决策力，提高应变力！

《倾听》

是卡内基训练机构内部教材！所谓知己知彼百战不殆，成为谈话高手的第一步就是倾听。从7类倾听者，到5类沟通冲突类型，再到非语言倾听与直觉，14天真正"听到"他人的真实需求甚至非语言情绪和行为，才能帮助领导者成为高效沟通者！

《跳出你的思维陷阱》

解密不同领域精英人士的思维模式，拓展思维边界，建立独立思维能力，像艺术家、领导者、科学家、企业家和经济学家和心理学家那样思考。

修复受伤士兵的四肢和生命，她动用了支撑整个运动生涯和迄今为止医疗生涯的精神资源。她继续肯定自己的重要性、价值和尊严。她知道，即使离开她的丈夫和两个孩子来到阿富汗，这将是她一生以来都在准备的"表演"，这将是对她十多年来建立和维护的个人勇气和信心的最大考验。也许并不令人惊讶，当她完成派遣任务时，她发现自己成长了，并从她经历的逆境中受益，而不是被其削弱。正如她多年后告诉我的那样："我回来时知道我可以依靠那部分自己，而我们为田径比赛、医学院和住院医师所做的所有工作，都为此奠定了基础。"

虽然在美国军队进驻中东地区之后，人们发表了很多值得一读的关于创伤后应激的毁灭性影响的文章，并且每天有成千上万的美国军人遭受创伤后应激的痛苦，但关于创伤后成长——在逆境中找到对生活的崭新认识和更强目标感的过程——的文章却很少。创伤后成长理论（post-traumatic growth，PTG）是由心理学家理查德·特德斯基和劳伦斯·卡尔霍恩于 20 世纪 90 年代中期提出的，创伤后成长理论认为，经受过心理斗争的人往往能在之后看到积极的成长。引用特德斯基在 2016 年《美国心理学会通讯》（*American Psychological Association Monitor*）的一篇文章中所说的，"人们会对自己、所生活的世界、如何与他人相处、可能拥有的未来以及如何生活有更好的理解。"

亚历山德拉·罗斯从阿富汗服役回来后，就有了这种全新的认识。自从回国后，她一直在为病人服务，为其他女外科医生创建赋权网络，并让她的孩子们相信，他们可以掌控自己的思想。亚历山德拉·罗斯完全接受了"告诉自己你取得了某些实际上还没有取得的成就"这个主意，继续通过每次走过门口时进行肯定陈述来建立信心。当她这么做的时候，如果你离她足够近，你可能会听到她在低语："我真是光芒四射！"

你走过的每扇门将你从一个物理空间带到另一个，无论是另一个房间还是一座大楼，门也将你带入一个新的时刻、一个新的个人空间、一个新的当下。在新的当下里，你会肯定什么，你会对什么说"是"？你会带着什么样的自我实现预言进入新的当下？通过每一扇门时，肯定你渴望的品质、行动和结果。

选择3：宏肯定脚本和音频

2016年10月末，西点军校一等学员冈纳·米勒在我的办公室回顾了他在陆军男子棍网球秋季训练期间的表现，他很不高兴。他是来自纽约北部的一名出色的中场球员，在那里棍网球比其他任何运动都更重要，冈纳是高中全明星球员，并且在竞争激烈的第五区当选年度最佳进攻球员。但听到他那天说的话，你会认为他是西点军校有史以来最糟糕的球员。很明显，冈纳的想法是多么无效（"我在棍网球方面的智商如此之高，因此当我犯错时会非常沮丧"），他的心理过滤器是多么无效（"我能完整地回忆起5周前我犯的具体错误"），他的心理银行账户已经分文不剩（"我没有按照应有的方式去做……当我用球杆持球突破到球门前时没有自信"）。

我向冈纳解释了他的意识思维和他在棍网球场上的无意识行动之间的联系。我们一起调查了他的想法和记忆是如何明显影响了他在整个秋季训练期间以及当下的技能水平。冈纳欣然接受了银行账户／信心的比喻，并承认他只有 60% 的建设性储蓄，这一水平只能让他在西点军校的任何课程中获得 D 的成绩。我立即让他回忆了他在秋季比赛中的三大个人亮点。不出所料，他在几分钟内就想出来了，当我们把这些亮点写在办公室的白板上时，他面露喜色。我解释道，类似这样的记忆是我们的高质量精神食粮。我让冈纳在我们下次会谈时带回以下记忆：3 次持球突破到球门前，3 次优秀的射门，3 次成功铲球，3 次优秀的防守表现以及 3 次优秀的传球。我发现，追逐成功的表现者都不介意做一点功课。

5 天后，冈纳回到我的办公室，他花了 15 分钟完成了以下清单。

突破：

·在与爱国者联盟海军队的半决赛中，为进球而跑动

·在与海军新生的比赛中，为左侧反弹射门而跑动

·在洛约拉全美赛中作为防守中场为射门转身突破

射门：

·爱国者联盟锦标赛中对阵科尔盖特队时射门

·爱国者联盟四分之一决赛中对阵洛约拉队，沿右手球道射门

·大学一年级对阵圣十字学院，持杆侧高球射门

铲球：

·对阵密歇根州立大学，艰难铲球并最终射门

·对阵圣十字学院，艰难铲球并最终射门

·对阵里海大学，防守时进行两次铲球后突出重围

防守：

·对阵里海大学，在长时间控球中突围

·训练中与最好的突破者对决时阻止其射门

·训练中从首发进攻球员手中抢球

传球：

·接内特传来的球，转身接球，然后背后传球给科尔

·重新接科尔传来的球，转身迅速脱球得分

·接戴夫传来的球射门得分

　　这些记忆帮助冈纳创立起心理银行账户，他开始运营了。接下来的一小时，我们讨论了如何通过日常的 E-S-P 练习继续增强他的信心，并将心理管理扩展到他当下对自己的看法。冈纳利用一天中每次进出西点军校教室的时间，立即开始做"敞开大门"练习。在

我们的下一次会谈中，我提出了效力等同于"重型火炮"的肯定
陈述：构建一个全面、个性化的肯定脚本，并以 MP3 音频文件的
形式将其记录下来。我为来访者制作这些定制音频产品已经超过
25 年了，冈纳·米勒抓住了这个机会。这个"宏肯定脚本和音频"
（Macro Affirmation Script and Audio）将为冈纳提供不间断的 10
分钟肯定叙述——用第一人称和现在时态组织措辞，以积极、准确
和有力的语言撰写的陈述——的精准"轰炸"，并配有鼓舞人心的
背景音乐。下面是宏肯定脚本的第一部分：

　　我能极其巧妙地突破球场上的任何阻碍……我喜欢在最大型
的比赛中突破重围，与最优秀的对手对抗……每次我突破的时
候，我都在创造机会……我一次又一次地获得精准传球和射门的机
会……如果我碰巧在突破时被拦截了，我就会忘记它，准备下一次
突破……我看到了防守队员，我看到了球门，我冲到球门前……每
一步都毫不费力……我感到脚步轻快……我对自己的能力非常有
信心，没有人能防住我……我能极其巧妙地突破球场上的任何
阻碍……

　　加纳的完整脚本包含同样详细的段落，包括技术方面（突破、
射门、铲球、无球跑位和防守）和心理方面（处理不可避免的挫
折，以及维持胜利者的感觉）。以下面的段落结束：

从现在开始，我以这种方式思考……通过这种方式，我的球技将提升到一个新水平……我很自豪成为陆军棍网球队的一分子，我接受与这份荣誉相应的责任……充分利用这个机会的决定权在我手上……我要做我从来没有做过的事情，这样我就能变得比以前更优秀……当一切完结后，我的比赛表现将达到全新水平……来吧，这是属于我的高光时刻！

我让冈纳在我的办公室里，躺在一张舒适的椅子上，闭上眼睛，"试驾"他的宏肯定脚本的完整音频。10分钟后，当最后一段音乐选段逐渐消失时，他睁开眼睛，面带微笑，我已经好几个月没见过他的笑容了。当我问他那一刻感觉如何时，他回答"真的很激动！"刚刚他满脑子都是关于优异比赛的言论，不难理解，他的情绪状态变得热切、兴奋，当然还有充满信心。"我希望我现在就能打球！"他宣称。第一场胜利，得手了。

在2016年整个冬天，以及整个2017年棍网球赛季，冈纳都在使用他的宏肯定脚本和音频。在去体育场训练的公共汽车上，听音频成了他每天的例行公事，也是他赛前心理准备的一部分。2017年是他表现最好的赛季。他被选为队长，在16场比赛中都作为首发球员，两次打出制胜球，在击败雪城队和圣母队的比赛中发挥了关键作用，并入选爱国者联盟最佳阵容队。在我们的年终总结会谈中，当我问他对改进我的工作有什么建议时，冈纳唯一的评论是"让教练要求团队中的每个人都使用自己的宏肯定脚本和音频！"

在撰写本书时，冈纳·米勒中尉是南卡罗来纳州杰克逊堡基础训练旅的一名行政长官。任何一名士兵或军官都会告诉你，所有军队工作都存在一定问题和复杂性。米勒也不例外，但就像他通过掌控自己的思想克服了 2016 年秋季训练期的困难一样，如今他依旧保持着同样的习惯。每次经过门口，他都会对自己重复："我拥有一个新机会来做自己……我的状态相当好……我每天都能见到我爱的女人。"他手机上还存着他的宏肯定脚本和音频。（想要制作自己的宏肯定脚本和音频的读者，可以登录 NateZinsser.com 联系我，以获得更详细的信息。）

上一章结束时，我们以一个问题收尾："你现在的思维方式与你想要达到的成功水平一致吗？"现在，我们以另一个问题结束本章："你认为你是谁？"现在，你不断告诉自己的、关于自我的故事是什么？再问一次，这些故事与你希望拥有的成功和满足水平一致吗？无论你面临的是什么样的比赛、测试或表现，你喜欢自己的"1000 米赛跑"吗？你是否完全准备好完成个人工作，就像外科住院医生提供诊断和治疗方案那样？无论你选择相信哪种自我信念，都会影响你的行动，并最终影响结果。本章提供的练习——"睡前笔记""敞开大门""宏肯定脚本和音频",都为你提供了讲述建设性故事的工具,帮助你利用这种普遍的自我实现预言的力量,让你从中获益。你想变得光芒四射吗?首先肯定它,当你发现自己正成为这样的人时,不要太惊讶。

第 4 章

创建心理银行账户 3：
想象你的理想未来

凯文·卡普拉上校是西点军校 1995 届我辅导过的学生之一，从 2018 年 7 月到 2020 年 6 月，他在得克萨斯州胡德堡指挥陆军第一骑兵师第三装甲旅战斗队。该旅由 37 个连组成，总共 4300 名士兵（一个连由 80~120 名士兵组成，连下面再分成更小的单位，称为排）。每个连由一名上尉领导，负责该连 3 年的训练和准备工作，3 年后这名上尉将被指派新的任务，该连由新的指挥官接管。在卡普拉上校指挥该旅期间，他会要求每个新连长进行想象练习。

他会问："你希望士兵参加什么样的训练项目，身处什么样的环境？"每个新指挥官的回答中都包含"现实"这个词，因为每个人都知道，战斗训练必须尽可能接近真实情况。然而，与我们在电影和电视节目中看到的相反，士兵在战斗中的表现并没有英勇地提升到新水平。相反，他们会回到训练水平。然后，卡普拉上校开始认真研究"现实"这个词的含义。

"你能想象那种真实的训练活动吗？"

"你能听到——武器开火、通信进行、爆炸发生的声音吗？"

"你能感觉到——手里的无线电终端、在地面上或交通工具里的移动、背上流下的汗水吗？"

"你能闻到——火药、沙子和风的气味吗？"

"你能尝到——嘴里的砂砾和鲜血吗？"

这些问题以及随后的对话设定了必要的条件、时间线和资源决策，以把新指挥官的连队训练成世界上最好的连队。对凯文·卡普拉上校来说，"想象"是英语中最强大的词。

前美国跳远专家迈克·鲍威尔会站在起居室里，等待房间变得凉爽、黑暗。正如1994年《体育画报》中一篇文章所描写的，通过这么做，"他可以更好地看到自己的梦想"。鲍威尔大步穿过房间，左转穿过餐厅，当他走进门厅时，他想象着跳跃并打破鲍勃·比蒙在1968年墨西哥城奥运会上创造的世界纪录——这是田径项目的最高纪录。鲍威尔的幻想总是结束在听着观众的欢呼声，体验着那一刻带来的喜悦，高举双手欢庆的场景。"我能在脑海中感受到，"他回忆说，"我已经想象过那一跳一百次了。"

保罗·托茨少尉，我的另一位西点军校学生（2016届），有一个每晚惯例。在基本军官领导课程（所有新上任的尉官都要参加）上完成了当天的各种任务和训练后，保罗会坐到他能找到的最舒服的椅子上，戴上耳机，打开手机里的一个音频文件。一开始有一个声音会提供一些简单的指示，引导他放松和集中精神："想象你处于一个舒适的姿势……把注意力转移到呼吸上……感觉空气进入和离开你的身体……"4 分钟后，这个声音会从身体指引转变为想象指引，带领保罗踏上创业寻梦之旅：

这是属于我的机遇，去到一个几乎没有人敢梦想的地方……现在是我跻身成功人士精英阶层的时候……我正在成为西点军校有史以来最成功的企业家……我将在 10 月 15 日前，让伦纳多伍德堡 80% 的人入驻 Trade U 平台，并在 12 月 1 日前实现每月净正现金流……在一年内，我将生成完美的数据资料，吸引陆军和投资者，为我的技术创造新的机会……

这些人在做什么？做白日梦？卡普拉上校是在和新连长玩成人版的"假装游戏"吗？不是的，卡普拉、鲍威尔和托茨都在用另一种强大的方式训练他们的心理过滤器：通过使用一种特殊的思维过程把"钱"存入他们的心理账户，这个过程涉及所有感官角度——视觉、听觉、嗅觉、味觉——以及触觉、姿势和活动。我把这一过程称为想象，有意识地产生一种情感上强大的、多感官的、对渴求的未来事件的想象体验。前文已经涵盖管理你过去的长期和近期记忆，以及控制当下你对自己讲述的关于自己的故事，现在我们来控制你所创造和维持的关于未来的愿景、画面和感觉。没错，我们谈论的是你的想象力，这是人类独特的心理功能，通过它你可以"看到"未来。当你在为课程、工作或训练时间表做计划时，当你在考虑你的长远未来时，以及（不幸的是）当你担心你的世界里所有可能出错的事情时，你都在发挥你的想象力。当你读完这一章的时候，你就会知道如何选择性、建设性地运用想象力，以此帮助你更加自信，并为达到巅峰状态做好"心理准备"。正如我们所见，控制我们过去的记忆，以及控制我们当下对自己述说的关于我们是谁的故事相当重要，通过"想象"这个心理技能控制我们对未来的想法，也有极高的价值。

你可能听说过或读到过，运动员使用"视觉化"来为即将到来的比赛做准备；体操运动员在实际表现之前，会在脑海中反复演练他的自由体操套路；足球运动员会想象当她罚点球得到制胜一分时将经历的激动；网球运动员会回忆打出制胜一球的准确动作。运动员和其他表现者——演员、音乐家、外科医生和销售员——长期以来都在练习自己的"视觉化"方法，它们的名字五花八门：心理预演、运动想象、创造性想象。就连军队也长期进行所谓的"石头演习"：清理出一块泥土地面，并用石头来代表地形特征和不同部队或单个士兵的位置（移动），以此制作出某种地图，为军队部署做准备。所有这些表现者都感到，这样做可以让他们感觉对即将到来的挑战准备得更充分一点（也许是很多），但他们不一定知道为什么这种做法是有益的，并且因为他们只是利用了想象中的视觉元素，而不是把所有感觉都融入体验中，所以他们可能没有让想象发

挥最大的功效。磁共振成像（MRI）技术和大脑监测技术（利用敏
感电极探测脑细胞的活动）的最新进展拨开了迷雾，揭示了人类想
象力在正确运用时拥有多么强大的力量，以及为什么想象力可以帮
助我们赢得第一场胜利。

　　想象是一种建立自信的技能，它基于一个简单但惊人的生物学
事实——想象力会在许多层面上刺激你的身体发生实际的物理变
化，从整个系统（心血管、消化、内分泌等）到特定的器官和肌
肉，以及非常重要的、大脑和脊髓中控制运动和行为的神经通路。
正如心理学家珍妮·阿赫特贝格在她的经典著作《疗愈中的意象》
（Imagery in Healing）的序言中所写："意象，或者说想象的产物，
在看似平凡的和深刻的层面上深切地影响着身体。对爱人的气味的
回忆会唤起情感生理反应。对销售演示或马拉松比赛的心理预演会
引起肌肉变化，以及血压上升、脑电波变化、汗腺更加活跃等。"
换句话说，你的想象不是一系列被动的幻灯片和电影片段，不是那
些在你眼前一闪而过、不带来任何影响的毫无意义的图片。事实恰
恰相反：无论你是否意识到，在你每次使用想象力的时候，它都对
你身体的每一个系统、器官、组织和细胞施加着强大影响。

　　阿赫特贝格之前的陈述得到了研究支持。该项回溯到 1929 年
的研究，引用了想象（视觉化）对一切事物造成的影响，从肌肉激
活到胃肠道活动，再到免疫系统功能。在最早的一项研究中，芝加
哥大学的埃德蒙·雅各布森观察到，一名训练有素的短跑运动员躺

在桌子上，想象自己正在跑 100 米时，他的大腿和小腿肌肉会产生轻微的电活动。在没有实际运动的情况下，运动员只是通过思考跑步，就能激活神经系统通路，让与跑步相关的肌肉收缩。虽然收缩强度较低（不足以让运动员跳下桌子），但肌肉收缩的时间顺序（伸肌和屈肌交替被激活）与实际跑步时相同。生动的想象显然是通过激活许多与实际活动相同的神经结构和通路，来产生肌肉反应的。不要认为这是一种类似巫术的"心灵操控术"，而应将其理解为"心灵转化为现实"。自雅各布森最初的研究以来，这种神经网络被想象激活的影响在 230 多个研究中被引证。在最近的一项研究中，华盛顿大学的凯·米勒及其同事发现，当参与者想象简单的动作，比如五指张开和握拳时，他们的大脑运动皮质区产生的电活动，大约是实际动作中所产生的电活动的 25%。

也就是说，正确运用想象力对任何动作技巧、任何运动技巧，或任何技巧性行为的执行都有着真实的影响。拳击手和钢琴家尽管属于不同的专业领域，但都可以通过想象正确的操作来提高技能，例如，钢琴家的音阶弹奏和手指跑动技巧，拳击手的刺拳、后手直拳、上勾拳和勾拳的组合。同样的道理也适用于演员、音乐家、外科医生、销售员和人力资源经理。控制每种技能和行为的神经通路会被意象激活，尤其是当这些意象伴随着相关的声音和感觉时。神经通路起始于大脑皮质，向下通过脊髓，连接到特定的肌肉，告知它们何时以及如何收缩。每当神经通路被激活时，信息传输就变得更顺畅、更快，无论你是在球场上练习还是坐在椅子上进行心理练习。在这两种情况下，控制你的动作和技巧的神经通路都被激活了。每一次重复练习，无论是身体上还是精神上的，都会激活现有的神经通路，而正如第一章所述，每一次激活都使髓鞘增厚，使未来的动作执行更流畅、更快、更协调。令人惊讶并且也很重要的是，在一个非常有意义的层面上，人类神经系统，这个由神经元、突触和化学递质组成的极其复杂的网络，无法区分真实刺激（实际的物理刺激）和想象刺激（心理刺激），只要想象刺激足够强大。

让想象变得更加强大的一个事实是，肌肉并不是你的身体中唯一会对想象做出反应的部分。在过去的 50 年里，大量的医学文献表明，想象会导致生理过程的变化，比如血糖水平、胃肠道活动、心率和免疫系统功能。想象练习显著增加了癌症患者的白细胞数量（这很重要！），降低了术后疼痛水平，增加了免疫球蛋白 A 的产量（免疫球蛋白 A 是一种自然出现在胃肠道、呼吸系统和泌尿生殖系统的分泌物中的抗体，作为抵御微生物入侵的第一道防线）。正确运用想象力不仅可以让你更加熟练地运用技巧，还可以让你更加健康。

在想象中创造的图像会导致身体中的变化，如果你仍然对此存有疑虑，那么不妨和我一起做下面这个测试。

想象你坐在厨房的桌子旁……想象一下厨房、墙壁的颜色、窗户的位置，还有你身旁的桌子……现在想象你面前摆着一个小盘子，上面有一颗亮黄色的成熟柠檬……你可以清楚地看到这颗柠檬，光线反射在它光滑的表面上，你能看到它表皮上微小的凹陷和凸起……拿起柠檬，感受它的重量和质地……把它放回盘子里，注意它在你的手指和手掌上留下的微量碎屑……目光回到装着柠檬的盘子上，注意到盘子旁边有一把锋利的小刀，这是一把非常适合切小水果的刀……拿起那把刀，小心地把柠檬切成两半，感受刀片割开果皮，切过果肉……放下刀，拿起半颗柠檬……感受它的重量，比之前轻了；感受它的质地，比之前更柔软，更黏湿……你可以轻松地轻轻挤压它，看到一些汁液从切面渗出……将这半颗柠檬靠近你的脸，享受那独特的香味……你可以感觉到有一些柠檬汁滴到你的指尖上，有点黏……现在把这半颗柠檬直接放到嘴里，放到你的嘴唇上，轻轻地品尝它……现在，咬一口柠檬，体验它苦涩多汁的口感……

　　假设你的想象力和大多数人一样，假设你以前接触过柠檬，当你想象一口咬下柠檬时，会发生以下事情：鼻孔张大，嘴周围的肌肉收紧，分泌唾液。为什么会这样？因为自主神经系统的组成要素——控制面部肌肉活动，启动消化功能，让你品尝嘴里的东西——可以在没有真正的柠檬时运作。舌头味蕾上的味觉感受器向大脑的味觉皮质发送信息，告诉它有苦的东西进入嘴里，虽然你并没有品尝任何东西。你的大脑又向鼻肌发送信息，让它收缩并关闭鼻腔通道以应对突如其来的强烈气味，即使你并没有闻到任何气味。你的第 7 对和第 9 对颅神经向腮腺、颌下腺和舌下腺发送信息，以产生唾液开始消化柠檬汁和柠檬果肉，即使你并没有吃下任何柠檬汁和柠檬果肉。恭喜，你刚刚通过想象欺骗了神经系统——创造了一个生动、多感官的幻想体验。你可以利用这一生物学事实，让自己在所选领域中变得更加熟练。

尽管这种现象对于提高技能水平既有趣又有益，但我相信，想象的最大价值在于它能增强你的信心，尤其是你对未来的确信感。正如科学支持运动想象对运动技能的影响，以及不同形式的治疗想象对疗愈过程的影响，科学也表明，恰当的想象有益于个人的自我感知，以及你对自己是谁、会拥有怎样的未来的想法。科学告诉我们，生动地想象自己以理想的方式行动、达到理想的成就，会改变你的自我意象，即你对自己的主要看法。自我意象是另一种自我实现预言的开始和结束，我们在第 3 章探讨过。自我意象为强大的潜意识提供了一个激励着你前行的精神目标，一组虚拟指令，就像指引你达成目标的建筑蓝图。南安普敦大学的乔迪·哈洛及其同事发现，当进食障碍患者"尽可能生动地"创造并保持积极的自我意象时，他们在自我概念和自我形象量表中的得分显著更高。他们还发现，当参与者被要求保持"悲伤、沮丧和焦虑不安"的消极自我意象时，他们的得分显著更低。这些发现，以及临床心理学和表现心理学中的许多类似研究告诉我们，我们的自我意象强烈地影响着当下我们对自己的看法，以及我们对未来的看法。因为这些意象会给你的大脑和身体带来变化，所以有意地对它们进行控制，可以被认为是一种锻炼希望"肌肉"或绝望"肌肉"的方法。医学博士伯尼·西格尔在从事癌症手术多年后发现，病人的态度会强烈影响他们的治疗情况。他说："我们在体内创造的情绪环境能激活破坏或修复机制。"我们选择创造、保持和激励的意象，要么通过呈现积极内容、创造确信感的生化过程来创建我们的心理银行账户，要么减少心理银行账户的余额，让我们对未来充满犹豫和担忧。

所以当迈克·鲍威尔在想象成功达成田径纪录时，他便是在创造这种建设性的生化过程和建设性的自我实现预言。保罗·托茨想象刚起步的商业冒险大获成功，卡普拉上校带领的连长想象理想的训练，也是同样的道理。通过想象，你创造了自己的虚拟现实——当你走进办公室、球场、舞台，或任何属于你的"战场"时，你想成为怎样的人。这种想象，能给你带来突破性的改变。这种思维模式能为想要成功适应大学比赛的高中运动员、挺进优秀生榜单的学生、成功竞选副总裁或更高职位的中层管理者增添信心。在很多与此相似的情况下，运动员、学生和中层管理者都拥有必需的体力、技能和战术，以及所有必要的知识和能力，但他们缺乏自信，缺乏能带来突破的确信感。他们无法完整地"看到自己"在更高水平上的表现，或者获得更高水平的认可，因此他们会感到不舒服。上升到全新又有些陌生的竞争水平，或承担更高层级的责任，无论是参加全国锦标赛、参加奥运会，或负责新的大销售区，都会让你感到担忧、不适和紧张，从而削弱你已经娴熟的技能。

确保来之不易的技能不受恐惧、怀疑和担忧的损害，一种有效的方法是为你所渴求的突破创造一种似曾相识的经历，通过完整而生动地想象你希望如何实现这一突破，以及当它实现时你的感受如何，当达到新水平的机会出现时，当你走进战场、球场或会议室时，你就会觉得这件事你已经做到了，而且做得很好。这正是1984年奥运会金牌得主西尔维·伯尼尔的经历："我知道我将在8月6日下午4点参加决赛。我知道记分牌会在我左边的什么地方，我也知道教练会坐在哪里。一切都在我的脑海里。我可以清晰地看见我完全按照理想的方式跳水：完美无缺。当我登上领奖台时，感觉就像我以前来过一样。"

这是我希望你在人生中关键的表现时刻所拥有的体验，那种舒适感和安全感源于经历过，而且做得非常好。你可以拥有那种感觉，那种对自己绝对确信的感觉，通过不断地成为电影中的主角，辅以环绕立体声和难以置信的特效。作为这部电影的主角，你近乎完美地执行了各种任务、施展了各种技能，展现出了突破性水平，毫不犹豫、毫不怀疑、不做任何分析地实现了梦想的结果。你沉浸在这部电影——更好的说法是"虚拟现实"——中，无论如何都保持着自信和自由，轻松地放下任何错误或不完美。在这个高清晰度、多感官的现实体验中，你快乐地追逐梦想，将全世界都抛在身后。准备好了吗？

创造似曾相识的突破性体验

第一部分：给想象"肌肉"热身

让我们先来做一些想象热身练习。这些练习能增强你天生的白日梦和幻想能力，想象出更详细和具体的情节，为"欺骗"你的神经系统做准备，以在你的身体里产生变化，实现个人突破。

首先，回顾一下本章之前提过的"柠檬练习"。再次遵循该练习的指导语，在你熟悉的场景中重现这熟悉的物品，但这一次，让你的大脑创造更多的细节。

· 摆放柠檬的盘子是什么颜色的？

· 你是用哪只手拿起柠檬的？

· 当你用刀切开柠檬时，发出了什么轻微的声音？

· 你用来切柠檬的那把刀是全金属的吗？还是有木质手柄或塑料手柄？

请花时间来创造这些细节。假设你是一个电影场景的制片人 /

导演，你有无限的预算来为那一幕打造完美的场景。你可能会发现，你的某些想象"感觉"比其他感觉更强烈，可能你能很轻松地想象颜色和形状，但想象声音和气味却很难。这很正常，每个人都有自己的一套内部感官偏好。然而你会发现，只要稍加练习，想象声音、气味或其他感觉的能力就会显著提高。

现在请试一试：在你的所选职业、研究领域或运动中，选择一个你常使用的物品或工具。它可能是网球拍、冰球杆、足球、篮球、棒球，甚至是你运动时所穿的特定类型的鞋。它可能是音乐家弹奏的乐器、外科医生的手术刀、办公室职员的办公电话或手机。你要想象这件物品，并在心理上操纵它，为你在想象中操控任何意象的能力进行热身。这将扩充你的"电影场景制片人 / 导演"角色，在其中纳入特效协调员的角色——使电影场景活力满满、难以忘怀。让我们开始吧！（每当遇到"……"的时候，都暂停一下，在心中计数"一千零一、一千零二、一千零三"，给自己几秒时间在脑海中构思细节。）

在脑海中创造一个物品或工具的形象……想象它悬浮在你面前，呈现在一片平平无奇的灰色背景前……想想这个物品的颜色和形状……将镜头推进到它的某一边缘位置，在脑海中勾画它的轮廓，先顺时针勾画，再逆时针……现在，在想象中轻轻旋转这个物品，这样你就能看到它的侧面……然后是背面……接着看到另一个侧面……最后回到初始位置……接下来向相反的方向旋转，看到侧面……背面……另一个侧面……最后又回到正面……现在，让我们做点有趣的事，想象这个物品轻轻翻转或向前转动……接着向后转动……在脑海中操纵它运动的速度和方向，就像你拥有某种超能力，只要集中注意力就能通过心灵感应移动物体一样……现在，再用同样的超能力，将这个物品移到你手中（或双手中，取决于这个物品有多大）然后感受它在你手中的感觉……在你持续观察它的同时，感受它的重量和在你手中的形状……用你的手抚摸它的每一个面，体验它带给你的所有不同的触感，注意它的不同部分给你带来的感觉是多么不同（例如，网球拍的拍柄、拍框和网线）……现在，稍微操纵一下这个物品，将它在两手之间传递一下，或抛起再接住……感受它的移动，并且注意当你控制它时手臂和手的动作（如果这个物品是手术刀，请小心！）……现在，按照这个物品的原本用途来操纵它：投或踢球，用手术刀切割（请务必小心！），用乐器演奏音阶或曲调，打一通电话，感受你手中的物品，并且感受你在使用它时的动作……现在，在脑海中让这件物品慢慢消失，把注意力带回本书。

你刚刚做的，就是在体验和加强你的能力——控制你想象出的物品，以及用具体细节增强那些被操纵的意象的效果的能力。控制和细节这两点是有效想象的基本特征，接下来的练习是进行心理上的重复并想象一次优秀的表现，在这个练习中你需要运用上述这两点。只要你能控制想象的内容，只想象成功和进步的场景，你就可以往心理银行账户上存入宝贵的存款。相反，如果你让失败或困难的画面停留在脑海中，你就是在消耗心理银行账户的存款，微妙而有力地强化与这些困难相关的神经系统通路。控制你的想象内容是必要的。在任何时候，在你想象的过程中，如果一个错误的画面或糟糕的表现在你面前闪现，立刻做每一个电影导演都会做的事——喊"咔！"，阻止这一幕继续下去。然后，像电影导演一样，立即重置场景并再次"拍摄"，直到它以你想要的结局结束。在想象中，你可以获得你想要的任何成功，实现你渴望的任何事情，击败任何对手，甚至是那些你从未打败过的人。事实上，在你能够在任何领域或球场上打败那些对手之前，你必须在头脑中击败他们。保持积极的想象！

　　同样重要的是想象中的细节水平。你创造的细节水平越高，参与的神经通路的数量就越多，因此你就能更彻底地"欺骗"神经系统，并加强控制成功执行的通路。要实现这种高水平的细节，只需调动最多的感官，并将每一种感官的强度调到最高。很明显，这要从最大化任何想象场景中的视觉细节开始。在哪里发生？室内？户外？哪个房间或哪几个房间？如果在室内，墙壁、地板、天花板是什么样子的？如果在户外，地面、周围环境、天空是什么样子的？你能赋予该场景确切的颜色，并"看到"所有设备、家具、工具、队友、对手、同事的位置吗？记住，你是这个电影场景的制作人，所以你可以添加任何细节，令其更加逼真。有什么声音吗？是否有人群或观众的嘈杂声？是否有来自队友或同事的声音提示和命令？广播系统是否在播放公告？在你想象出的鲜明而清晰的画面中添加这些声音细节。

现在，让我们进一步细化，添加其他感官细节——空气的温度，你所穿的衣服或制服给你带来的具体感受，你弹奏的乐器或手中所使用的球棍、球拍、球，以及演讲时所使用的麦克风和讲台给你带来的熟悉感觉。为自己创建一个多感官虚拟现实体验。控制水平和细节水平得到增强后，你现在可以创造出更复杂、更连续、更具突破性的心理意象。

第二部分：练习提高

在给想象"肌肉"热身之后，让我们进行一些训练，这能帮助你提高在即将到来的表现中所使用的技能。在这个练习中，从你所做的运动中选择一项你想要提高的技术，或从工作中选择一个你想要改进的任务。选择一些你知道你将在即将到来的比赛或测试中需要的东西，或者一个在你的工作中经常被评估、需要相对较短的时间来完成的事项。你可以选择任何事情：网球发球时更有力（而不是打完整场比赛），用乐器流畅地演奏一小段乐曲（而不是演奏完整的第三号勃兰登堡协奏曲），快速输入数据到数据库（而不是完成整个月度支出报告）。由于神经系统无法很好地辨别实际操作与生动想象的区别，想象这项技能或任务的执行，将启动大脑运动皮质，激活控制该任务的神经系统通路。从运动皮质到脊髓，再到神经与肌肉相连的身体外周，随着这些神经通路被激活，在想象运动时你可能会感到轻微的抽搐。

你可以以杰里·英戈尔斯为榜样，他是前美国大学体育协会和奥运会替补链球运动员，他通过勤奋地想象清晰、控制和专注的感觉，在技能上取得了戏剧性的改进。英戈尔斯现在是印第安纳州的一名牧师，但 17 岁刚进西点军校时，他只是一名骨瘦如柴的少年（身高 1.93 米，体重 81.6 千克），那时他甚至从未见过掷链球。4 年后，面对室友的挑战，他开始掷链球，毕业时他创造了西点纪录（至今仍保持），赢得了爱国者联盟冠军和美国大学校际业余运动员协会（Intercollegiate Association of Amateur Athletes of America，ICAAA）冠军，并获得了 1996 年奥运会预选赛资格。链球是奥运会 4 项投掷类项目之一，选手要把一个重达 7.3 千克的、用链子连着把手的铁球挥动四圈，然后掷出最远的距离，这需要精确的身体协调性、精准的时机把握和强大的体力。杰里·英戈尔斯作为一名新手，需要学习和完善很多复杂的技术。杰里在西点军校和游骑兵学校（在那里他摔断了腿，体重掉了 13.6 千克）毕业后，被"美国陆军世界级运动员项目"（US Army's World Class Athlete Program，WCAP）选中，并于 1998 年回到西点军校，为

2000 年奥运会预选赛进行训练。如果要在世界最大的赛场上比赛，他仍然需要重新学习和完善很多技术。

为了提高他在技术性极高的四圈旋转投掷上的技术水平，并在心理上为比赛做好准备，杰里在学生时代和奥运会预选前都成了我的常客。他来我的办公室一周至少两次，以及自己每天都会额外进行几十次的投掷动作的心理重复练习，激活支配他的脚、膝盖、臀、肩、肘和手部动作的神经通路，并且不会使他的肌肉或关节更加疲劳。他会想象关于技术非常具体的方面，比如保持头处于正确的位置和肩膀放松，或者每一圈把球从最低点加速旋转到最高点，同时保持背部挺直，膝盖和脚踝深深弯曲（用链球痴的说法就是"从双脚支撑加速到单脚支撑"）。他还会想象自己的整个投掷过程，从走进投掷圈到离开投掷圈，从第一个动作到最后的投掷，所有想象都是"实时"进行的，所有想象都有理想的节奏、流畅的动作和感觉。

英戈尔斯的例子说明了使用想象时的两个重要因素，特别是对于技能提高来说。首先是一致性，让想象成为你日常练习或日常生活的一部分。就像一个月只去两次健身房对你的体能毫无帮助一样，"偶尔"做一些特定技能的想象对技能提高也没什么帮助。杰里认为，每周 5 天，每天 15 分钟对于技能想象的投入，对于从几百次想象重复动作中受益只是很小的代价，尤其是每一次重复都非常完美（他练习了"控制"），而且这些完美的重复动作对他的身体并不会造成什么额外负担。考虑一下，如果每周对一项重要技能或关键行为进行几百次的想象重复练习，可能会对你在关键时刻的能力带来什么样的影响。每天花 15 分钟值得吗？

杰里的故事也说明了从正确的视角进行想象的重要性，视角即你"观看"自己创造的意象的角度。为了让每次想象的投掷都能激活最大数量的神经通路，我让杰里从他自己的身体里想象，即使用所谓的内部视角。当他开始进行心理重复时，他"看到"他的手从他的起始位置伸出，同时他"感到"他的手腕、手和肩膀开始动，并且链球开始移动。他"看到"链球飞向远处，同时他"感到"自己的手在最后的投掷中松开把手，就像他自己真的在投掷一样。

从内部视角来想象，即你从自己的身体内部看出去（想想第一视角的拍摄画面），看到你在实际执行技能时的亲眼所见，与从外部视角（即在身体之外看自己，就像看自己的视频一样）来想象相比，前者能创造更强烈的精神和情感体验。内部视角在两个方面更强大。第一，它能创造一种你的身体在行动、在想象环境中移动的更强烈的感觉；第二，它有助于给想象场景带来一些真实情感。虽然一些研究表明，外部视角可能对学习新技能的初学者有用（我们通过观察和模仿来学习，对吗），2016 年《运动科学与医学杂志》上的一篇综述也表明，从内部视角进行想象可以产生更高水平的肌肉激活，在预演一项你已经可以施展但希望能够更完善的技能时更有效。雅各布森在 1929 年发表的研究论文中没有明确指出，短跑运动员躺在装有电极的桌子上时是否是从内部视角进行想象的，但我敢打赌他是。

为了体会这种内部视角和外部视角之间的差异有多么重要，想象一下，你正站在游乐园的停车场里，从远处观看过山车。你可以看到一列过山车爬上轨道的最高点，然后俯冲下来，沿着弯曲的轨道转圈。也许你甚至能听到车里的乘客发出的尖叫声。现在想象一下，你坐在过山车最前方的位置上，随着它爬升到轨道的最高点，你一直目视前方。当爬升到轨道顶端时，车突然俯冲下来，在轨道上加速前进，速度之快让你的心都要跳出来了。这两个场景哪个"感觉"更刺激？从停车场看过山车，还是坐在车的最前方？我猜，当你从内部视角想象坐在车最前方向下俯冲时，你的心跳加快了一点，血压升高了一点，一些肌肉在抽搐。这种视角上的差异，即从外部转向内部，改变了你所感受到的真实性，并将更多的感官带入游戏中，让你想象更完整的个人虚拟现实体验，并以此更多地"欺骗"你的神经系统。

从完全沉浸在身体中的内部视角执行心理重复动作，除了促进更大程度的身体或动觉感受，还让杰里·英戈尔斯体验到了更多与他进行身体训练时同样的情感——为执行力、当下的投入、紧迫性和决心感到骄傲。真实情感在让想象真正有效的过程中起着重要作用。就像任何其他形式的练习一样，如果你希望它有效，你就不能三心二意。正如增强感官细节的强度——你看到的、听到的和身体感觉——很重要，当你想象时，增强情感强度也很重要。把"情感内容"看作需要纳入其中的另一种感觉，就像视觉细节和运动感觉一样。当你做了一个生动的噩梦时，你想要完全沉浸在想象的场景中。噩梦可能是神经系统无法区分真实和想象的最好的例子。当你做噩梦时，你的整个身体都有反应——心跳加快、肌肉紧张，所有这一切都是因为梦中的情感是如此强烈。正是这种情感体验，产生了强烈的运动感和情绪，将有效想象与日常的白日梦和普通的"视觉化"区分开来。跳远运动员迈克·鲍威尔每次想象打破世界纪录时，都会感到无尽的喜悦。"我真的能感受到，"他说，"那种冲昏头脑的感觉。"这种强烈的情感是心理银行账户里宝贵的存款。把这种强度的情感带到你的想象练习中，你的神经系统就会得到提升。

　　现在就试试吧。根据下面的指导，来为你选择的技能或任务做一些高质量的"心理重复"练习。

　　在脑海中想象一个场景，你要在其中练习你所选择的技能或执行一项特定任务（网球场，训练室，工作台，等等）……利用控制想象的能力，补充感官细节，在脑海中"看到"当你实际处于那个物理环境和位置来执行任务时所能看到的东西（例如，站着、坐着，等等）……补充声音，给你的想象添加更多细节，"听到"当你实际处于那个地方时能听到的声音……"感到"当你处于那个地方时所能感到的不同感受，让想象完整……从感受你的起始位置开始，感受你的脚站在地板上、球场上或草地上的感觉……你的手上可能拿着任何工具或物体，补充这些感觉……感受该场所的温度，以及任何气味……通过感受你的决心和目的感来完善想象的场景，以此提高你对所选择的技能或任务的执行力……你为什么要练习？这项技能或任务有多重要？……你在努力练习和提高，让自己对此感到自豪……

现在，有了物理设置、起始位置，以及坚定的意图，想象毫不费力并且有效地执行任务是什么感觉，比你以往任何一次都做得更好……在完成任务的全过程中，感受你的手、四肢，甚至整个身体的动作……任务完成后，暂时保持这种成功的感觉。体验一点点"我做到了"的感觉，就是你在几年前第一次学习骑自行车时有的那种感觉（希望你有）……

再在心里重复三次，小心地控制每一次重复，让它们都能完美地得到执行，都充满丰富的细节……每次重复完成时，都让自己感到一点满足感……在完成第三次重复后，深呼吸，让练习场景的画面逐渐消失……轻轻睁开眼睛，回到书中……

耗时长短取决于你选择想象的是什么，一次重复可能只需要几秒（例如网球发球）。如果是这样，在每次重复结束时，你都可以"重启"，并且再重复10次或20次。如果你所选择的任务耗时更久

（例如，一套舞蹈动作，组装一台复杂的设备，或你想要完善的一场报告），一到两次重复就足够了。重要的是想象的质量——清晰度、控制力和专注度，而不是重复的次数。

第三部分：锁定完美表现

军校学员丹·布朗悠闲地坐在我的西点军校办公室里的人体工学躺椅上。这个躺椅绰号"蛋形椅"，因为它就像一颗靠一边支撑的大鸡蛋，另一面是敞开的，让人们可以坐进椅子里，坐靠在软垫上，这里也是丹赢得第一场胜利的地方。在这里，他将创造西点军校一英里（约 1.61 千米）跑的新纪录，成为第一个在 4 分钟内跑完一英里的学员。我让他进行了几分钟的呼吸控制和肌肉放松，从脚到腿，再到手臂，最后到脸，完全地放松。然后，我们心理上"来到"西点军校的吉利斯田径场，两天后，丹将在这里比赛，并试图在 4 分钟内跑完一英里。1954 年，罗杰·班尼斯特首次于 4 分钟内跑完一英里，自那以后，这一时间便被认为是真正精锐的一英里跑者的基准。我们绘声绘色地想象了场地和跑道的细节，精确地描绘了跑道上的声音在空旷场馆的墙壁和天花板上的回声。我们在心理上体验到了只有比赛当日才会带来的肾上腺素飙升和期盼。跟随着我所描述的热身动作，想象着他将要进行的各种慢跑、跨步和伸展运动。他跟随我的声音，我引导他想象自己站在起跑线上，当他蹲着等待发令枪响时，感觉到他的钉鞋刺进跑道的地面。"各就位……预备……嘣！"丹起跑后，我开始计时，丹生动地想象着整场比赛中每一圈的每一个步幅和每一个转身。随着他想象自己维持高速跑了将近4分钟，并冲向终点，他手指上的心率传感器记录下了他的感受。在想象中，他远远领先于其他选手冲过终点线时，他举起一根手指，眼睛仍然闭着，示意我按下秒表。秒表上的读数为3分59秒7。两天后，在真正的比赛中，丹·布朗以同样的时间赢得了第一名。

2019年9月，加拿大网球明星比安卡·安德莱斯库本不该击败塞雷娜·威廉姆斯赢得美国网球公开赛冠军。安德莱斯库那年年初的世界排名是第152位，而威廉姆斯在纽约的美国国家网球中心有着非常优秀的表现（她曾6次赢得该项赛事的冠军）。但安德莱斯库在那场比赛中表现得更好，就像丹·布朗一样，她通过勤奋的体能训练和想象练习——直到比赛的当天早上，做好了击败威廉姆斯（也许称得上史上最伟大的女网球运动员）的准备。据加拿大新闻社报道，"比安卡·安德莱斯库周六的开始方式和她在争夺美网冠军期间的每天早上一样——冥想和视觉化如何打败下一个对手。周六的视觉化环节进行得异常顺利——她看到自己击败了美国超级巨星塞雷娜·威廉姆斯，获得了美国公开赛冠军。在周六晚上于阿瑟阿什体育场举行的扣人心弦的女子决赛中，安德莱斯库以6∶3、7∶5击败威廉姆斯。比赛结束几小时后，安德莱斯库说：'我把自己置于我认为在真正的比赛中可能出现的场景下。我只是想办法处理这些问题，所以我已经准备好应对任何事情了。我认为最强大的武器就是做好充分的准备。我真的认为锻炼大脑（很重要），因为在这个水平上，每个人都知道如何打网球。能让你脱颖而出的就是心态。我想这种视觉化真的很有效！'"

正如这些故事所揭示的，布朗在一英里跑中获得创纪录的胜利，以及安德雷斯库击败塞雷娜·威廉姆斯的意外胜利，都在他们的预想中发生过。在他们进入各自的赛场之前，布朗和安德莱斯库已经经历了他们的突破。

下面将介绍一个框架，你可以跟随它来想象自己的突破性进展，使用所有你学到的想象的关键元素——完全控制、最大化的感官细节、内部视角，以及真实的情感——所有这些的执行都基于你私人空间的舒适和安全。开始吧，让我们一步一步来。

首先明确你想要的结果是什么。什么样的成就、目标会给你带来巨大的满足感？很简单，你的梦想是什么？什么想法，当它在你面前闪现时，会让你产生一种生理反应——脊椎微微颤抖，让你对自己说"这太棒了"？这可能是你的一个长期梦想，就像比安卡·安德莱斯库梦想参加网球大满贯比赛并获得胜利，或者是你的下一个重大表现里程碑，就像丹·布朗在 4 分钟内跑完一英里，以及保罗·托茨刚刚起步的公司被人以数百万美元收购。无论你在职业生涯的现阶段想要实现什么，或者在生活的现阶段想要经历什么，这个练习都适合你，即使这个想法看起来不太可能实现，而且有点超出你的能力范围。事实上，它应该是一些超越你当前所能，但能让你很兴奋地去思考的事。我会问所有来访者一个问题："什么会让你起鸡皮疙瘩？"回答这个问题，花多长时间都可以，然后把你的答案记在笔记本或书页边空白处，准备好展开想象。记住，你是这个史上最伟大的电影工作室的制片人、导演、摄影师和特效协调员。

接下来，为你的突破做好准备。发生在哪里？如果你曾经去过那个地方，你能清晰地描绘它的细节吗？如果你以前没有去过那个地方，你能找到它的照片或视频来帮助你创造它的清晰意象吗？对于为某一特定赛事而训练的运动员来说，从超级碗到奥运会再到县锦标赛，都可以查看体育场、游泳池、田径场的在线照片或进行虚拟游览。对于音乐家或舞蹈家来说，这个地方是音乐厅；对于销售人员或经理来说，这个地方是会议室。尽量找到可以代表你的"表演舞台"的任何地方，这样，当你在那个场景中创建成功的多感官虚拟现实体验时，就有一些好的意象作为起始点。

在开始之前的最后一件事，是列出几个你期望在突破性表现中经历的关键时刻，这些时刻很可能对你的成功产生真正的影响。我发现，大约 20 分钟是大多数人所能维持的最长的时间——在想象中保持控制、细节和情绪，从而有效地"欺骗"神经系统。如果你的目标表现时间比较短，像丹·布朗的"4 分钟跑一英里"，你可以完整地想象它，一步一步或一秒一秒，与现实世界的时间同步。但如果你的目标表现需时更长，就像安德莱斯库的网球锦标赛 3 盘夺冠，你不可能从头到尾地进行想象。对于这些耗时较长的事件，如独奏会、演讲、手术或交叉讯问，找出特别重要的时刻，在 20 分钟的时间窗口内，带着完全的控制、生动的细节、真实的情绪，按照顺序想象每一个时刻，这会有所帮助。当然，事件的开始和结束都是非常关键的时刻。其他关键时刻可能是音乐演奏的困难曲段或舞蹈表演的困难部分，手术中更有挑战性的部分，在演讲中传达特别重要的概念的时刻。一旦你确定了这些时刻，就该集中精力发挥想象力了。

我们将通过设置个人工作区来开始这项想象练习。我指的不是你家里或办公室里的某个房间，而是你脑海里的一个地方，当你想象技能提高和突破性表现的时候，你就会到那里去。这个私人房间是你的安全地带、避风港、避难所，在这里，一切皆有可能。确保你舒适地靠坐着。你可能希望有一位朋友可以为你读下面的段落，这样你就可以闭上或半闭着眼，更容易地想象。与之前一样，每到"……"的地方，就暂停一下，在心中计数"一千零一、一千零二、一千零三"，给自己几秒时间在脑海中构思细节。

第 1 步：打造你的私人房间

想象你正走在一条光线充足、铺着地毯、两侧都有门的走廊上，就像酒店的走廊一样……在走廊尽头，就在你的正前方，有一扇门，门上有一个特殊符号，这个符号意味着，这扇门后就是你的私人房间，是你的私人心理练习空间……

打开门，走进去，这个房间就是你创造出来专门用于进行想象练习的地方。这里的家具和装潢都完全符合你的心意……花一点时间四处浏览，看看这个屋子的墙、地板、天花板，以及你放进这间屋子里的一切，这些都让这间房间独具你的个人风格；你喜爱的画作、照片或海报……让这里独具个人特色的植物、雕塑和其他装饰……也许屋里正播放着一段你最喜欢的背景音乐……从窗户（如果你希望房间里有窗户）望出去，可以看到你所选择的风景——也许是温暖的阳光海滩、宁静的高山湖泊、开满鲜花的美丽花园，或灯火辉煌的大城市，任何能带给你最大的满足感和归属感的景色都可以……

穿过你的私人房间，走到一把舒适的椅子或躺椅前，这把椅子就放在屋里最合适的地方……坐在这把椅子上，感受你的身体处于一个舒适又有足够支撑的姿势，同时你开始了解房间的细节……你所坐的椅子旁边有一张小桌子，桌子上放着你最爱的杯子，里面装着你最爱的饮品……伸出手去端起杯子，放到嘴边，品尝一口这甘甜的味道……现在把它放回桌上，坐回椅子里，做几个舒适的深呼吸……在呼气时，脸和下巴放松，你知道，在这个私人房间里，你非常安全，你有充足的时间，在这里进行完美的心理技能重复练习或想象突破性表现……

第 2 步：到达竞技场

当你在私人房间舒适地安顿下来之后，让想象之翼带你来到
"表演"的起始点。如果你以前到过这一特殊的竞技场，利用你的
记忆和内部视角来想象你真的在那个地方。如果你是在从未去过的
地方实现突破性进展，那么就利用你能找到的照片或视频来创建场
景，当然也要用内部视角……通过你自己的眼睛"看"向更衣室的
门，你将在那里换上赛服，或"看"向你将做销售演示的大楼，或
你将进行独奏会的音乐厅……每一场表演都有一个起始点，从那里
开始便没有回头路。想象起始点的所有细节，视觉、听觉以及所有
相关的感觉都要充分地体验到……想象在那个环境中从一个房间走
到另一个房间，或从一个地方到达另一个地方，感受你的自主神经
系统被激活，产生一些紧张感，就像本性使然……你来到了储物柜
前，或准备室，或任何你将做最后准备的地方……带着你已经练习
过的清晰、控制和专注的感觉，穿上赛服或整理好衣服、发型等，
你已经准备好踏出这一步，迎接即将到来的高光时刻……

第 3 步：准备，热身，强化

如果你的"表演"包含任何形式的热身或调整，就像丹·布朗
想象在一英里赛跑上的突破时做的一系列动作……你不需要想象完
整的热身过程，只要一部分就可以，也许每个动作重复一到两次，
以激活一些情绪……当你在准备演示材料、浏览笔记，或最后看一
遍你将要弹奏的乐谱时，"看到"你应该看到的，"听到"你应该听

到的，"感受"你应该感受到的……

第4步：正确的开始

现在真正开始了！想象踏上起跑线、讲台，或任何你将要开始"表演"的位置……感受你可能会感受到的兴奋与期待……看到或听到开始的提示，立即感受到自己的掌控感……发球完美地擦过发球线，你迈出的第一步就令你处于领先位置，你弹出的第一个音符就拥有完美的音高和音量……花一分钟想你想要的速度、节奏，或你与听众或客户之间的联结……

第5步：迎接重要时刻

现在想象你所列出的重要时刻，每一次想象都带着完全的控制和清晰度，以及充沛的情绪……当你完美无瑕地进行比赛、做演示、演奏时，从内部视角"看"到行动的展开……你看到周围的队友、竞争对手或观众……当你沉浸在那一刻时，看到场景或背景的变化……听到那一刻的各种声音，尤其是如果突破性进展需要你发言时，你听到了自己的声音……感受在每一刻你所处的位置以及你的移动，你所采取的每一个行动……同时感受到你希望在每一刻拥有的不同情绪及其强度……你是激情满满，还是沉着冷静？……你是咄咄逼人、狂野外放，还是敏感谨慎、直觉敏锐？……不论你的突破性表现的每一刻需要哪种情绪状态，你都能自然而然地达到……在每一个时刻，在多感官虚拟现实的每一个场景中，你都表现得十分出色，成功地控制住了对手，或掌控了当下的局势，或令观众印象深刻……

第 6 步：精彩的收尾

现在想象最后一刻、最后一圈、最后一局，或你对观众所说的结束语……就像刚开始时一样，在这一刻，清晰地去看、听和感觉，控制最后的动作、最终的音符、手术的最后一步……在最后几秒中，感受兴奋、满足或放松……

第 7 步：庆祝

等等！还没结束呢！就像跳远运动员迈克·鲍威尔每次在起居室里想象打破世界纪录时，"从不否认自己的兴高采烈"，不要拒绝在你想象取得突破后所体验到的真正快乐。看，你的队友们微笑着簇拥着你，向你贺喜；在你精彩的演讲之后，同事们前来祝贺……听，那些欢呼声、掌声、对出色工作的赞美之词……让自己感受到认可感和满足感，知道你的努力终于有了回报……

当你让自己真正地享受取得突破的时刻之后，让那个庆祝的场景渐渐淡去，想象回到你的私人房间，坐在那把舒适的椅子上，四周环绕着你的是放置在这间屋子里的家具和装饰……在椅子旁边有一张小桌子，上面放着你最喜欢的饮品……伸出手端起杯子，再尝一口……现在把它放回桌上，站起身来，环顾四周，欣赏窗外的景色……现在穿过房间向门口走去，再次将这间独一无二的房间里的照片、画作和其他细节尽收眼底……走到门口，停下来最后看一眼你的私人空间，你知道它永远在这里，你可以随时回来实现任何你渴望的突破……走出房间来到走廊，关上身后的门……慢慢睁开眼睛，将注意力带回本书……

这7个步骤可以作为日常的心理训练。正确地实施这些步骤无须任何设备或特殊才能，并且你能从已经体验过突破性表现的神经系统中获益。再次强调，如果你的神经系统反复执行了逼真想象的、情感真实的突破性表现，它就会准备好，最大限度地降低有意识、分析性、可能分散注意力的想法的影响，来达成同样的表现。你将以最强大的信心展现自己，因为你将赢得你的第一场胜利。

但是等一下……

到目前为止，本章以及相应的科学证据都集中在想象提升和突破的建设性影响上，在想象中创造一个关于你所渴望的确切结果的、细节丰富的多感官体验。但是，让我们面对现实吧，想象之外的世界并不总是关心你想要什么，再多的一厢情愿，即使它改变了你的神经系统，也无法改变有对手、竞争者，还有无数其他力量在阻止你获得那珍贵而热烈的想象中的突破。就像那句军事谚语所说——"敌人也有投票权"。让我们用我称之为"爆胎"的特殊想象练习，与这些阻碍势力对抗，准备击败这些敌人。

假设你开车行驶在一条昏暗的街道上，要去一个你从未去过的地方。现在是晚上，但你的汽车（或手机）导航系统会让你按照既定路线前进并准时到达。哦，下雨了。一切都很顺利，直到你开过一个盲角，驾驶座一侧的轮胎撞到了一个你没有看见的深坑。撞击发生 10 秒后，轮胎警示灯亮了，你的车不再平稳地行驶，而是一颠一跛，跌跌撞撞。你知道，如果你再开远一点，后果会更严重，所以你别无选择，只能靠边停车换轮胎。更糟糕的是，你必须尽快到达目的地。打电话给道路救援（即使你可以叫到这种服务）然后等拖车来帮你摆脱困境，也不是一个好选择。这取决于你自己，你需要独自处理这个问题。

毫无疑问，在那一刻你会不高兴，但现实打乱了你的计划，你必须做出回应。你能多麻利地处理这种情况，多容易和快速地换掉漏气的轮胎重新上路，将取决于你之前是否给这辆车换过轮胎。如果你知道要采取的步骤，并且知道千斤顶、备用零件和所有工具的存放位置，那么这仍然是一场意外，但相对来说是一个比较容易解决的问题。相反，如果你从来没有给这辆车换过轮胎，那么你更换轮胎的过程就会更耗时、更费劲——从手套箱里翻出车主手册，找到操作指南，在昏暗的灯光下阅读，找出千斤顶、备用零件和工具，根据指示在黑暗和雨水中操作，之后才能安全上路。

我们在工作中都遇到过各种各样的"爆胎"，而且很可能尽管我们的初衷是好的，但我们想象中的完美突破不会一帆风顺。为了让我的来访者树立信心，让他们相信自己有能力克服这些意想不到的困难，我教他们如何在进入各自的竞技场之前赢得一系列小小的第一场胜利。首先，他们要实事求是地识别出一些可能的"爆胎"

事件，然后有意地想象自己如何成功应对每一种困难，在他们的神经系统中建立一个有效的"子程序"，以备不时之需。这样，就像司机知道在黑暗、雨天的道路上该怎么做一样，他们就可以充满信心地继续"表演"。

　　本章之前提到的链球运动员杰里·英戈尔斯，在参加2000年奥运会预选赛时就遇到一次"爆胎"，他处理得非常好。他在预选赛的前两轮比赛中脱颖而出，成为八强之一。这些决赛选手每人要投三次球，在这最后一轮比赛中，单次投掷距离最远的三位选手将成为奥运代表团成员。在加州州立大学萨克拉门托分校人潮涌动的体育场，杰里，这位体重120千克、身躯壮实的选手，昂首阔步地走了进去，开始他的日常伸展运动。一切都按部就班地进行，直到杰里走进投掷圈，准备做最后的热身。在那里，他发现了意想不到的情况：有人用硬钢丝刷刮掉了投掷圈里的混凝土表面，让地面变得更加粗糙，这使得转圈的速度更慢。显然，一名决赛选手认为圈内的地面太平滑了，导致转圈速度太快了，他在没有通知其他决赛选手的情况下对投掷圈做了一些改变，以适应他的偏好。这意味着杰里必须在最后时刻调整技巧，然后在这个世界上除了奥运会之外最大型的田径比赛中，进行他人生中最重要的三次投掷。

　　你可以想象得到，这种投掷条件的突如其来、令人惊讶的变化使除杰里·英戈尔斯之外的其他选手都深感不安。当几位竞争对手在这最后一秒的改变（他们认为这不公平）的压力下崩溃时，杰里·英戈尔斯处变不惊。随着最后一轮比赛的进行，他不但没有放弃，反而表现得越来越好，扔得越来越远。一位有着十年多国际比赛经验的老选手的惊人最后一投，把杰里挤出了前三名，进入了替补席位，但对于一个只参加了四个赛季的球员来说，这仍然是一项杰出的成就，况且两年前杰里还只是一名体重 100 千克的步兵排长。

　　杰里是如何应对投掷圈条件改变这一"爆胎"事件的呢？通过孜孜不倦地想象对许多其他可能出现的问题做出建设性回应。在奥运会预选赛开始前的几个月里，我和他花了很多时间，实事求是地识别了一些可能会阻止他感受到理想的攻击性与轻松感结合的状态 [他称之为"链球罗摩"（hammerama）] 的情境和场合。我们计划好了他会对自己说些什么，他会怎样呼吸和伸展，如果他在前两投中犯规，或者他发现自己在只剩下一投的时候远远落后于领先的选手，他会怎样重新回到"链球罗摩"状态中。杰里会仔细地设想他对上述每一种情况的反应，以及在许多其他情况下的反应，他的想象总是以他抛出大力一投告终。虽然他从未想象过在奥运会预选赛时需要面对一个被剐蹭的投掷圈（谁能想到？），但是他在其他"爆胎"练习中学会了如何迅速恢复镇静，出人意料的投掷圈地面的变化并没有影响他。

　　再举一个表现者调整自己以随时应对意外情况的例子，以菲尔·辛普森为例，他是西点军校历史上最成功的校际摔跤手。菲尔是从田纳西州的纳什维尔招募来的，这个地方从未以培养伟大的摔跤手而闻名，但是菲尔4次获得美国全国冠军赛资格，3次入选全美最佳阵容，并在毕业那年获得全美亚军。在上一届美国全国锦标赛的半决赛中，通过之前的想象练习，他克服了一个完全意想不到的"爆胎"事件，击败了一个曾经赢过他两次的强硬对手。

美国娱乐与体育电视台在密苏里州圣路易斯市的萨维斯中心进行了现场直播，菲尔·辛普森和来自康奈尔大学的达斯廷·马诺蒂站在垫子两侧，准备进行68公斤级半决赛。和所有处于这一精英水准的摔跤运动员一样，他们都有一套完善的赛前准备程序，让他们在每场比赛前都达到心理和身体上的最佳状态，他们走到垫子边缘，蓄势待发。他们之前就收到了提示，比赛之间可能会有电视直播暂停，所以当电视台制作人提示他们"还有1分钟"时，他们眼睛都没有眨，继续上下跳动、摇晃手臂以保持放松。但1分钟变成了2分钟，随着时间的推移，马诺蒂渐渐不镇定了。比赛延迟了4分钟，接着变成5分钟，马诺蒂明显很激动，他赛前的精心安排被有意打断了。而另一方面，菲尔在那5分钟里平静地坐在垫子一端，心想："我完全掌控局面。我不知道他们会在什么时候喊我，但我不在乎。"

菲尔·辛普森很轻易地获得了这种至关重要的确信感，因为他之前进行了充分的想象。在这场比赛之前，以及这些年来许多其他比赛之前，菲尔已经和我列出了一系列可能出现的"爆胎"情况，并仔细地预想了对于每种情况他所做出的建设性成功回应。他在参加比赛时，内心都有一套完善的心理子流程，因此，如果他在第一局落后，他做好了充分的准备去反击；如果他最喜欢的将对手摔倒的动作不得分，他已准备好改变进攻策略；如果比赛中出现了对他不利的不合理判定，他已准备好保持镇静；如果他需要在最后一秒得分来赢得比赛，他已准备好更加努力。就像奥运会预选赛上的英戈尔斯一样，他无法预料到投掷圈被人为改变了，菲尔·辛普森也没有料想到，在他一生中最重要的比赛之前，他必须等待 5 分钟的电视直播暂停。但他后来告诉我，"在预演了所有其他的意外情况之后，我能轻松地搞定这个。我只是坐在那儿，控制我能控制的，想着'这太棒了！'那时我知道，我付出所有的心理努力都有了回报。"当菲尔最终得到开始比赛的信号时，他平静地走上垫子，以 8 ∶ 0 的压倒性胜利入围美国全国总决赛。

请根据以下简单的指导，进行你自己的"爆胎"练习。

列出 3 种可能会导致你在即将开始的表现中产生犹豫或怀疑的"爆胎"情况。从一件过去你真的经历过的事开始，然后再想出更多可能出现的情况。对于即将进行重要演讲的高管或销售员来说，可能是房间里的视听系统突然出现故障（谁没有经历过这种情况呢？）；对于运动员来说，可能是一名首发队友因为受伤而无法比赛，现在你只能与没有一起训练过的二、三线替补队员一起比赛；对于紧急救援者来说，可能是十几种机械故障的其中一种（监控器、电话、泵等）；或者对于外科医生来说，出现可预期的并发症。

从内部视角，以完全的控制、丰富的细节和充沛的情绪来想象你清单上的第一种情况。让想象真实而强大。甚至可以让自己感受到一点"爆胎"可能会带来的焦虑也是可以的。但你只要想象这个场景10秒！

现在想象阻止这一幕进一步发展。带着信念感对自己喊"停！"或"是时候控制局面了！"，以此让这一幕中断。

现在想象深呼吸，并停顿足够长时间，放松脖子和肩膀，即使你周围有事情正在发生。

带着完全的控制、丰富的细节和充沛的情绪，以内部视角想象采取行动，让你在那一刻重新拥有强烈的确信感。听到你给自己的安慰话语（我已准备好了应对这种情况；这正是我训练的目的；要让我退出比赛，这还远远不够）。当你有意识地移动，一步接一步、一个动作接一个动作时，你会看到场景在你周围展开，去控制你在那一刻能控制的东西。当你控制局面时（在处理视听设备故障时，销售员让房间里的人放松下来；运动员看着球队里的新成员说"很高兴你能加入"；紧急救援者找到了故障设备的替代品），感觉你的情绪从忧虑和恼怒转变为冷静和热切。想象这个对"爆胎"有效而成功的处理至少30秒。这是"爆胎"练习的关键步骤。花想象问题情境的时间至少三倍的时长，想象自己控制局面并让一切回到正轨。

　　想象成功的场景来结束这个练习：演讲非常成功；新队友帮助比赛大获全胜；火灾、事故、撞击带来的损害被控制在了最低限度。

结论：是"现实"还是"妄想"

　　经常有来访者问我，想象概念和练习是否只是个人妄想。"当我想象这些技能提高和突破时，我事实上什么也没做。我这不是在自欺欺人吗？"我的回答总是："是的，你就是在欺骗自己。但正是通过欺骗自己，你做出了真正的改变。"当来访者皱起眉头时，我做出解释。

　　你年幼的时候会经历某种过渡仪式，这是你早年经历的一个重要转变，在当时来说相当关键。你现在可能认为这是理所当然的，但在你 6 岁左右的时候，这是一件大事。我指的是骑不带辅助轮的自行车，这是你达成的重要个人成就。我还没见过有谁可以第一次尝试就完成这一壮举。对于我遇到的每个人来说，这都是一段试错的时期，一段体验最初的挫折和摔跤的时期。一开始你根本做不到。但你认为你是有可能学会的。你看到其他孩子骑自行车，妈妈或爸爸告诉你，你也能做到。当你第一次在人行道或车道上起动失败，转向时失去控制甚至摔倒的时刻，以及当你大脑中的运动皮质组建了正确的神经回路，你终于学会骑自行车的兴奋时刻，在以上这两个时刻之间的某一处，你获得了某种正确操作的内部心理表征，即某种意象。你有一种暂时的"妄想"，一种你可以成功地骑车的感觉，尽管你刚刚摔了下来。没有实际证据表明你能做到，一些直接证据反而表明你做不到，但是你依旧持有这种心理表征、这一"痴心妄想"，继续回到自行车上，练习蹬踏、转向和平衡，直到你的神经系统更新了"自行车软件子程序"，你最终搞定了骑自行车这件事。有点痴心妄想，对于一些你拥有的幸福时刻至关重要。

仔细想想，几乎每一个变化、每一个进展、每一个成就都是从一个类似的地方开始的：关于未来你可以做成某些事或成为某些人的一些建设性妄想、一些想法、一些心理表征，尽管你从未做到过，或从未成为过，尽管一些证据显示你做不到。

有关任一领域专家养成的科学研究告诉我们，"刻意练习"——在你暂时"达不到"的当前能力的边缘持续努力——是关键。支撑你坚持完成刻意练习的，是一定程度的建设性妄想，以及前两章讨论过的正确的心理过滤。

确实，任何形式的想象实践都是一种妄想，但我敢说，这是一种建设性妄想，是必要的。斯蒂芬妮·乔安妮·安吉丽娜·杰尔马诺塔，如今广为人知的 Lady Gaga，早在取得巨大的商业成功之前，就认为自己最终会成为明星。2009 年，在她的第一个封面故事中，她告诉《滚石》杂志："过去我走在街上，就像我是一个耀眼的明星。我在一个充满妄想的地方工作。我希望周围的人们妄想自己有多么伟大，然后每天为之奋斗，让妄想成为现实。"这是一个不错的建议。梦想你的理想未来，即使与今天的现实相比，它就是一个谎言，然后努力让其成为现实。赢得第一场胜利，剩下的自会水到渠成。

再举一个例子，远离流行音乐超级巨星的世界，让我们看看身边常见的汽车销售员。在《美国生活》播客第 513 期题为 "129 辆车" 的节目中，旁白兼作家艾拉·格拉斯带我们走进纽约州长岛莱维敦的克莱斯勒经销店，听一听汽车销售员如何努力达成每月的销售额。在经销店里，我们遇到了他们的顶级销售员贾森·马西亚，他每月的销售额都是店内第一。在这个行业中，每个月卖出 15~20 辆车就属于 "稳健的业绩表现"，但贾森·马西亚经常能卖出 30 辆，他的个人目标是 "40 辆以上"。他的秘密是什么？建设性妄想。正如他的销售经理所说："贾森知道，在不同的月份中，有一定比例的顾客不会买他的车。这种情况当然会发生。然而，矛盾的是，他在每一次销售时，都认为这不可能发生。"贾森·马西亚有一种预见，你也可以称之为妄想，每一个走进店里的顾客都会在订单上签字。从理智上、现实上说，他知道这不可能发生，但像 Lady Gaga 一样，他在一种妄想状态下工作，认为成功的销售已成定局，只需要等待最后敲定。这种确信感和第一场胜利，帮助他搞定了一笔又一笔交易。

小结

学会了管理过去的记忆，以及当下对自己的想法之后，本章介绍了如何利用想象的心理过程，有选择地、建设性地思考你的未来。你自己生成的意象拥有巨大的潜力，能激励你提高你的体能、技术和战术，并帮助你为即将到来的表现做准备。我们已经学习了：

（1）关于未来成功和失败的心理意象会如何产生一连串影响肌肉、胃肠、心脏和免疫系统功能的神经冲动。

（2）这些神经冲动是如何建立神经通路来方便对所期望的行为进行重复的。

（3）如何通过有意识地使用特定的意象指导来侵入这个系统：正确的视角，结合多种感官，以及生成真实情绪。因为人类的神经系统无法区分真实刺激和想象刺激。

（4）如何创建并使用私人精神庇护所——脑海中有一个地方，让你可以安全地想象成功表现，伴随着生动的细节。

（5）如何利用想象来构建一种确信感，相信你的技能、你的下一个突破，以及你应对在成功之路上必然出现的"爆胎"事件的能力。

有了这套新工具，你就能更好地赢得第一场胜利。事实很简单，你越清晰地想象目标的达成及其实现途径，你就越有可能实现它们。我希望你每天都能使用这套工具，来清晰地想象你的下一个突破，以及实现它所需要的任何技能或能力。坚持这样做会给你的心理银行账户存入大量存款，并养成无论到哪儿都保持一系列积极意象的习惯。

　　然而，就像任何工具一样，如果这些想象技术只是被搁置在盒子里，那么它们对你就没有任何好处。在"演艺生涯"中，阻碍你的不是你愿意在训练中挥洒多少汗水，或者你愿意为钻研技艺花费多少时间，虽然我们都知道这些是必要的。最终决定成败的，是你对实现既定目标的信念，这种信念是建立在你已经想象了它几百次的事实之上的，这实际上创造了能让它得以实现的神经基础。虽然有许多敬业的运动员和各行各业中意志坚定的专业人士，愿意每天学习或练习 3、4、5 个小时，但我发现，只有少数人愿意每天花 15 分钟生动地想象他们最珍视的梦想。这是另一种努力、另一种训练，但正是这种训练让冠军能脱颖而出。

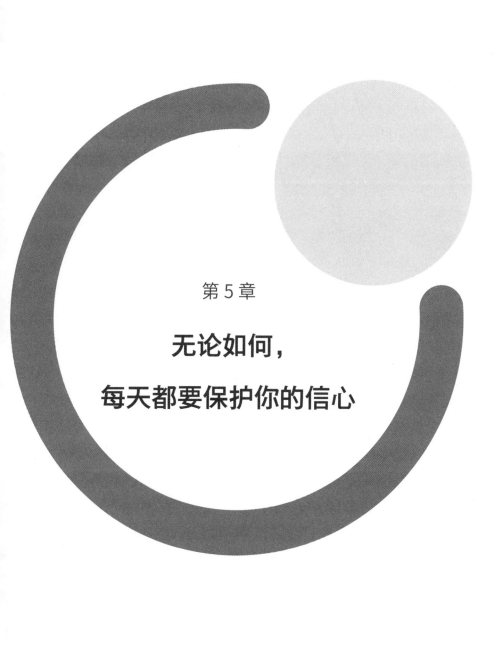

第 5 章

无论如何，
每天都要保护你的信心

如何抵御威胁和直面攻击：锁、报警器和其他防盗装置

马里奥·巴巴托刚走进办公室，就遇到了几个问题。就像他在给我的信中说的："很多负面情绪涌向我，问题需要解决。我能感觉到我的信心在缩减，焦虑水平在上升。"但马里奥已经学习并练习了如何处理消极情绪，以及如何对现代职场中不可避免的困难做出建设性回应，他有一些武器。"我礼貌地请我办公室的人出去，给我几分钟时间。我坐下来，做了一遍你向我演示过的练习，把我的自我肯定陈述每句写了3遍，深吸一口气，然后开始处理手头的问题。"这几个瞬间就是他赢得暂时的第一场胜利所需要的一切，用他的话来说，就是"重新获得正确的心态"。通过这么做，马里奥成功解决了当天的紧迫问题，这令他得到了一名公司高管的称赞。

几天后，马里奥的老板要求他与一家大公司的前首席执行官协

调一场会议。在最后一分钟，老板被叫走了，马里奥不得不亲自出面，开启会谈。他后来说："事实上我知道，在我来找你辅导之前，这种情况会让我怀疑自己计划要在会议上做的每件事，然后陷入消极的泥沼。但相反，我回顾了我的'十大成就'，打开了我的心理银行账户。然后我走进会议室，径直走到首席执行官面前，同他握手，然后协助开始会议。我有点感觉我释放了内心的野兽。"

马里奥的经历表明了一个重要事实：要在现实世界中赢得第一场胜利，自信地表现，你必须保护你的心理银行账户不受现实的糟糕事件及随之而来的消极想法的影响。无论你将记忆管理得多好，告诉自己正确的故事，有效地想象成功未来，但生活总会给予反击，你悉心建立起来的宝贵信心会遭受攻击。你所遇到的问题、你所经历的挫折，以及你和他人所犯的错误，都确确实实会进入你的思维"流动总和"。就像现代的网络罪犯一样，它们会闯入你的心理银行账户盗取存款，除非你有一些安全措施。本章将专门讨论这些防护措施，即一些心理习惯，用来防止外部恶性事件（那些不可避免的失误、错误和挫折），以及内部消极思维（每个人都有）削弱你的确信感。当你需要走到聚光灯下释放内心的"野兽"时，你希望拥有这种确信感。

防护措施1　建设性态度之锁——如何思考失误、错误和挫折

我每周都会进行 3~4 次这种类型的对话。对谈者可能是一名想要跻身名人堂的职业运动员，一名为高中毕业生学术能力水平考试成绩奋斗、想要进入斯坦福大学的高中生，或者一名想在毕业时成为陆军游骑兵学校班级的荣誉毕业生的西点军校学员。

"这是好东西，医生。我真的很喜欢它，我知道它能帮我，但我有一个问题。"无论是在讨论如何管理记忆、对自己说乐观话语，还是想象未来之后，一听到这句话，我的"危险探测器"就会亮起红灯。我知道接下来会发生什么，基本都是围绕"出问题时我该怎么办"这个主题。举一些例子：

· 我要过滤掉所有的错误吗？

· 当我知道自己做得很糟糕时，我应该怎么想？

· 我应该只考虑自己工作中的积极面吗？

· 你真的指望我像电影里的那个人一样，除了那百万分之一的机会，什么都不在乎吗？

· 如果我不去想我不擅长、需要改进的事情，我怎么能变得更好呢？

当我听到上述任何一个问题时，我知道提问者只理解了心理过滤器一半的作用，现在他已经准备好要理解过滤器的全部力量了。如前所述，过滤器在你的心理银行账户中有两个功能。其一是让那些创造能量、乐观和热情的想法得以进入和保留。通过管理你的记忆、使用肯定陈述，并正确地想象未来，你可以锻炼这个功能。过滤器的第二个功能同样重要，但经常被忽略：过滤器还能重组或净化那些可能产生恐惧、怀疑和担忧的想法和记忆，使它们变成有用的建议，从而防止它们从心理银行账户提款，甚至还能将它们转变成额外的存款。

我对这些问题的快速回答是："思考你需要做什么确实很重要，你也总是需要处理工作中的消极因素或偶尔糟糕的比赛表现。我们生活在一个不完美的世界里，总是会有问题出现，无论你是汤姆·布雷迪、塞雷娜·威廉姆斯，还是比尔·盖茨，偶尔都会有几天的表现低于平均水平，或者也许每天都会有一两个瞬间的表现低于平均水平。因此，是的，无论什么时候出现问题，你都不得不想想那些不太好的时刻。只是要注意你思考它们的方式。这就是我想说的……"

心理过滤器的第二个功能是摆脱和（或）重组任何损害你的能量、乐观和热情的想法、记忆或经历。换句话说，你的过滤器会以一种功能上有建设性的视角来看待一切，即使你没有太多让你感到快乐或热情的事情。对过滤器来说，"留下好东西"的功能很重要，但也许尽量减少"坏东西"所造成的损害更加重要。李小龙，著名的演员和国际武术偶像，在他的重要著作《截拳道之道》(*The Tao of Jeet Kune Do*) 中关于"态度"一章的第一段就描述了这一点。李写道："自信的运动员从以往的成功中成长，并将以往的失败完全合理化，他便能傲视同侪。""合理化以往的失败"的过程就是心理过滤器的第二个关键功能，它对于保护你的心理银行账户至关重要。在这种情况下，合理化这个词并不意味着否认你的失败或拒绝接受行为的后果。相反，它意味着你向自己解释发生了什么，以保护你的心理银行账户，让你保持学习、成长和前进的姿态。接下来将介绍如何做到这一点的方法，这是一个由三部分组成的心理方法，用于向自己解释你的失败和挫折，这样你就可以保持自信，甚至让信心进一步增强。

第一部分

将每一个失误、错误和挫折都视为暂时的。是的，它发生了，甚至可能代价很大，但重要的是，把它当作只会发生一次。以这种方式思考你的错误和不完美，可以防止你陷入"我又这样"的焦虑和自我怀疑的陷阱。如果你认为错误或不完美一旦发生，就会导致更多同样的错误或不完美，那么你就是为狡猾的罪犯敞开了心理银行账户的大门。相反，如果你告诉自己"它只发生了那一次，现在我们可以重新开始"，那么你就将罪犯绳之以法了。当你将错误和不完美视为暂时的，你就承认了它们，并将它们留在过去，而不是将它们带入当下和未来。

在实际情况中这是如何起效的呢？我们以西点军校 2020 届毕业生、女子棍网球队守门员玛蒂·伯恩斯为例。作为守门员，玛蒂的任务是站在 1.83 米 ×1.83 米的球门前，阻挡一个以每小时 113 千米的速度向她飞来的石头般坚硬的橡胶球。在 2020 赛季中，她出色地完成了这项艰巨的任务，平均进球数为 7.75（全国最佳成绩为 7.07），排在全美国第 5 位。7.75 这个数字意味着，在每场比赛中有 7 次，球越过玛蒂进了球门，她必须转身把球从球门中挖出来交给裁判，而对方队员则欢呼雀跃，庆祝他们刚刚的射门得分。不难想象，即使是最自信的人，也会因此信心大打折扣。在西点军校读大三的时候，玛蒂来找我辅导，她将"把她错失的进球都当作暂时的"这一概念谨记于心，这些都是"只会发生一次"的事件。她很快意识到，不管她表现得多好，比赛的本质是，对方队员总是会进球得分的。承认这一点很重要——事情总是会发生的，她无法控制，这意味着她必须建设性地对每一次进球做出回应，如果她希望自己能好好发挥。无论她多么频繁地错失进球，即使对手连续进了 2 个、3 个或 4 个球，玛蒂最好的选择就是保持"只会发生一次"的态度，以此保护她自己以及球队的信心。将你的错误和不完美留在过去。这才是它们应该归属的地方。

第二部分

　　把每一个失误、错误和挫折都看作有限的。是的，它发生了；是的，它可能会带来一些不舒服的感觉，但重要的是将它视为只发生"在那一个地方"。以这种方式思考错误和不完美可以让你避免陷入这样的陷阱："这一整天都要泡汤了"或者"现在我的整场比赛都有麻烦了"。高尔夫球手第一杆就把球打进树丛，而不是球道，那么他最好还是选择把这糟糕的一击留在它应该在的地方，而不是以此揣测，他的铁杆、挖起杆、推杆，整个比赛中的其余部分现在都有麻烦了。"只是那一次击球，接下来的比赛都很好"，这样的想法是一种更加有益且合理的选择。进行基础训练的士兵没能正确佩戴防毒面罩，结果在催泪瓦斯室中的 5 分钟里经历了一些痛苦时刻，她最好将这个失败留在它应该待的地方，想着"好吧，我搞砸了，但我在晨跑时速度保持得还不错，在靶场的表现也挺好，我可以把面罩上的带子固定好，这样下次速度就能更快些"。如果你认为，一个错误或不完美，一旦在某个特定场景中发生了，就会影响其他场景，那么你便是给另一个阴险狡诈的罪犯敞开了心理银行账户的大门。告诉自己"它只发生在那一个地方，其他事情都很顺利"，以此逮捕这个罪犯。如果你将错误和不完美视为仅发生在有限范围之内，你就承认了它们，并把它们封锁在它们发生的地方。这将帮助你更有把握地执行所有其他任务。把"将你的错误和不完美视为有限的"和"将你的错误和不完美视为暂时的"结合起来，你便拥有了一套强大的心理连击拳——该错误只发生那一次，并且只发生在那一个特定情境中——因此，你便有充分的理由开启工作中的下一项任务、继续接下来的比赛、争取网球比赛中的下一次得分，用心理银行账户的所有存款创造最强的确信感。你赢得了第一场胜利。

第三部分

将各种挫折和不完美时刻视为你的非代表性部分。再强调一次，承认那些时刻确实发生了，承认其所造成的伤害或后果，然后选择把这些时刻看作对你本人和你的能力的不准确反映。将错误视为暂时的，可以让你避免陷入"我又这样"的陷阱；将错误视为有限的，可以让你避免陷入"这一整天都要泡汤了"的陷阱，那无穷无尽的自我批评沼泽总是伺机把我们吞没。这些吸取自信的陷阱会不断扩大自我怀疑的范围，让你开始觉得一个单独的错误将一遍又一遍重复（"我又这样"），然后扩展为觉得这些错误不久就会发生在越来越多地方（"这一整天都要泡汤了"），最终演变为觉得自己作为一名球员、一名专业人士，甚至作为一个人都不够好，也许不应该再费劲去尝试了。现代社会有一种奇怪的倾向，过分认同我们的缺点，甚至用错误、假定的局限以及所有我们还做不到的事来定义自己。毫无疑问，这么做会扼杀我们的自信，而且这也完全没有必要，没有法律要求你这么想。想想"这不是真正的我，我比那强多了，那一定是某种意外"，把第三个也是最后一个阴险狡诈的罪犯关进监狱，然后把牢房的钥匙扔掉。

　　几年前，在西点军校男子棍网球队的赛季初训练中，我亲眼见证了一个对一系列错误做出建设性回应的极好例子。可以理解，主教练乔·阿尔贝里西对球队当天下午进行的全场传球训练感到不满：中途丢球太多次了。于是，他吹响教练哨，停止了训练。接着，他没有责备球员们的表现差，而是走到训练场地中间喊道："我们比这强多了！我不确定发生了什么，但我确定这不是我们的水准。""这不是我们的水准"这句话通过将问题外化——宣称掉球不能代表球队的能力，阻止了不佳表现影响球队的集体信心——为球员们的表现不佳找到了理由。乔教练通过一个动作进一步深化了他要传达的信息：他走到一个掉在地上的球前面，用手把球捡起来，对球员们宣称："一定是这个球的错！"于是，他从最近的球员手中接过球杆，把这个"犯规球"放在球杆网兜里，然后把球高高抛向球场边的廉价座位。"现在让我们好好干！"他喊道，并将球杆还给了球员。训练继续进行，球员们恢复了他们以往的传球水平。

　　是球的错吗？当然不是，但阿尔贝里西教练并不是因为疯了才这么说的。宣称"一定是这个球的错"，是为了减轻球员们的压力，并强调自己对球员有信心。阿尔贝里西教练没有说任何话让球员们想到"我们把这里弄得乌烟瘴气",并因此陷入第一章中所说的思维－表现交互作用的消极"下水道循环",而是用言语和行动保护了他们的信心。

当你在训练中不顺利,或遇到一个意想不到的挫折,甚至工作或学习效率长期低下(用体育术语来说就是"低迷期")时,你会将这个问题个人化,任由它将你拖向一系列"我到底怎么了"的泥沼吗?或者你会想"这不是我的做事风格"或"我比那强多了",甚至"哇!真不敢相信刚刚发生的事。今晚一定有什么奇怪的星象",从心理上将这一问题排除在自身之外,也就是将问题外化。这么做绝不是要免除你对自己行为及其后果的责任;如果你每次犯了错误都不加理会,而是像老喜剧演员菲利普·威尔逊常说的那样,惊呼"是魔鬼逼我这么做的!"那你的人生不会有太大的进步。这么做也不是让你回避去诚实地审视自己,意识到你可能需要多加练习或学习一些新技能。这只是意味着,首要的是保持自己作为一个人的基本价值,然后再接受你在训练和学习中获得的能力,无论水平如何。除此之外,还要葆有一定程度的好奇心,想要看看你下一次见新客户、下一次击球,或下一次射门时能表现得多好。具备了这一新技能,你就能将不完美视为非代表性的、暂时的、有限的,现在你拥有了一套三连击组合防守,用以对抗生活中不可避免的挫折可能给你的自信带来的损害。

这些保护自信的方法源于积极心理学之父马丁·塞利格曼及其

同事开创的大量研究，并得到了他们的研究支持。他的科研生涯开始于研究动物和人类是如何变得悲观和抑郁的，即使他们拥有积极的选择，他将这一现象称为习得性无助。塞利格曼在 20 世纪 80 年代开始研究乐观和健康，他发现有些人在陷入麻烦和困境时坚决不愿变得悲观。在他的一本重要著作《活出最乐观的自己》中，塞利格曼指出，能抵抗抑郁的乐观主义者与更加悲观的人在智商、天赋或动机上并没有显著差异，但他们在"归因风格"上有差异，归因风格即向自己解释发生好事和坏事的原因的方式。他提到，悲观主义者倾向于认为坏事可能是（1）永久性的，会不断重复发生；（2）普遍的，在很多情况下都会发生；（3）个人化的，由个人的内在特点或行为引起。乐观主义者倾向于采取相反的态度，将坏事看作暂时的、有限的、外部的。塞利格曼及其同事通过在各种情境中对多样化群体（包含儿童和保险销售员）进行的多项研究，为李小龙描述的自信的运动员"将以往的失败合理化"这一观察提供了大量实证证据，有效地找到了以保护自信的方式"解读"失败的方法。

1998 年夏天，塞利格曼在西点军校进行了一项经典研究，他使用了自己编制的"归因风格问卷"（Attributional Styles Questionnaire）——用于测量个体如何乐观或悲观地对积极与消极事件做出解释——对即将开始学员基础训练（Cadet Basic Training，以下简称 CBT）的全体新学员施测。在西点俚语中被亲切地称为"野兽兵营",或就简称为"野兽"的CBT聚集了1200名高中时成绩优异的年轻男女,他们要接受为期6周从早到晚的军事教导。这6周是纽约州最炎热的夏季,他们的情绪稳定性、体能以及快速学习新技能的能力都会得到前所未有的考验。塞利格曼长期以来一直在研究归因风格如何影响挑战性情境下的毅力和最终表现,CBT的背景环境对他的研究来说再合适不过了。他发现了什么?学年结束时,对新学员进行的统计测试显示,与坚持上完整个学年的学员相比,那些在夏季CBT期间或接下来的学年(另一段高压时期)中退出西点军校的学员的归因风格明显更悲观。

塞利格曼在关于这项研究的原始报告中总结道:"具有悲观归因风格的个体更可能在问题解决方面存在困难,当遭遇逆境时更容易变得消极和放弃。"在报告的最后一段他还提到:"认知疗法可以稳定地改善归因风格。因此预防性或补救性的归因风格训练,也许可以帮助那些最无助的学员对抗西点军校生活中不可避免的挫折,及战斗中独有的压力。"虽然,你可能永远不会体验到野兽兵营的新生或在西点军校第一年中所面临的特定类型的困难和挑战,但是你可能会忍不住用"这就是我"(内化),"永远会这样下去"(永久),和"它会破坏我所做的一切"(普遍)来对自己解释生活中不可避免的坏事。这样做会让你面临无法通过下一次考验的更大风险,因为它会摧毁你的信心。但无论你现在的归因倾向是什么,你都不会注定悲观一辈子。你可以改变看待坏事的方式,并通过将这些不可避免的坏事视为暂时的（"只会发生这一次"）、有限的（"只会发生在这一个地方"）、非代表性的（"这不是真正的我"），来保护你的心理银行账户。

防护措施 2　最终发言权——如何战胜自己的消极想法

如果每次来访者问我"医生，我如何才能停止所有的消极想法？"，我都能得到 1 美元，那我就能在自己的加勒比海岛上过快乐的退休生活了。没有哪个问题像这个问题一样被如此频繁地提出，也没有哪个问题像这个问题一样让提问者更有激情、更加急切。这并不奇怪，从持续不断的负面声音（时而低声细语、嘀咕抱怨，时而训斥责备、高声尖叫）中寻求解脱，是心理学家和哲学家几个世纪以来都在追寻的答案。虽然不可能准确地量化一天中你会产生多少想法，以及可能对信心产生损害的想法所占的百分比是多少，但你可能经历过大量内心产生的自我批评、自我怀疑、自我质疑和消极自我标签（你真是个窒息艺术家！）。这些内心产生的想法对你的心理银行账户所造成的打击是致命的，正如这个不完美的世界可能向我们抛来的外部挫折和消极事件一样。下面将介绍如何控制这些声音，进一步保护你的自信。我将这个过程称为"获得最终发言权"。

你可能有过与家人、同事、队友或主管争吵或意见不合的经历。争吵主题或造成分歧的问题多种多样，但关于这场交锋，有两件事是不变的——你与另一个人一来一回的交流；做了最后陈述或最后发言的人，通常就是这场争论的"赢家"。处理自己内心的消极想法、恐惧和担忧也是如此——两种相互竞争的观点在争夺你大脑的控制权，其中一种将成为主导。一个声音在敦促你前进，让你专注于需要做的事情，让你保持进步；而另一个声音在批评你所做的一切，用担心糟糕的结果来分散你的注意力。哪个声音将"赢得这一刻？"——就是最后发言的那一个。为了赢得胜利，请遵循以下三个步骤。

第一步：承认

尽管我们都不喜欢处理心智的自我攻击问题（"我常常是自己最大的敌人"），但打败这些内部敌人的第一步就是在它们出现时注意到。按常理，我们不可能赢得不知道的战斗，所以如果你希望打败任何怀疑和恐惧的内部敌人，首先要承认敌人的存在。虽然我的一些来访者和受训者确切地知道他们内心的消极情绪会在何时何地产生（例如，"我一走进更衣室的时候""在射门训练中连失两球的时候""当某某人走进我办公室的时候"），但另一些人发现他们面对的敌人更加分散且神出鬼没。无论你属于哪种情况，第一原则都是让内部雷达保持警觉，这样你就能迅速察觉到任何负面想法的到来。一旦你注意到那个声音开始插话，就立刻承认它的存在，然后把它从幕后揪出来。对大多数人来说，消极的声音更喜欢躲在阴影里，从远处纠缠我们，但是你可以把它揪出来，说"好的，我听到你了"。只要这么做，你就能掌控这场争论，你不再是仅听它单方面发声的受害者，而是反驳它的攻击者。

　　假设你是尼克·范达姆，一名参加 2012 年军事世界铁人三项锦标赛的资深职业铁人三项运动员。你之前是一名大学游泳运动员，在西点军校读大三的时候转到了铁人三项，你为自己的驭水能力感到自豪，认为铁人三项中的游泳部分是你的强项。2004 年毕业后你加入了"陆军世界级运动员项目"，在优秀教练的指导下接受了数千小时的高质量训练，参加了数百场比赛。但是，在比赛的游泳部分进行到一半时，你并没有像预期的那样在水中突飞猛进，而是突然开始过度换气。你脑海中有个声音在尖叫："情况不对！我应该领先的，但我的呼吸节奏和心跳都打乱了！这本应是我最拿手的！"当其他竞争对手从你身边游过时，你在水中停了下来，开始感到恐慌。此时此刻，你面临一个选择——要么完全放弃比赛，要么找到恢复信心的方法，重新回到比赛中。现在，是时候发挥心理训练的作用，反击那些恐惧和怀疑的声音了。首先你要承认，你的自信和作为运动员的身份认同正受到攻击（你本应是一名伟大的游泳运动员，对吗？）。你需要停止和自己玩这些心理游戏，认识到人类有成为自己最大敌人的倾向，并挑战这个声音。

第二步：令其安静

　　既然你已经确定了这个侵入的想法，并将它置于你的视线之下，你就可以采取下一步行动，有效地消除它。这就相当于，当你讨厌的弟弟或妹妹（哥哥或姐姐）说了让你很恼火的话时，你反驳说："不，你说得不对！"也相当于，当家里的狗对着路过的邻居狂吠时，你断然对它说："别叫了！"你所做的是进一步控制谈话，制衡这个试图偷走你信心的心理小偷。只要以坚定的内部语气对自己说："停！"你可以同时在脑海中呈现一个停止标志或警示灯的意象。或者你可以在手腕上绑一根橡皮筋，当需要提醒自己"振作起来！"的时候，就弹自己一下。我已故的朋友肯·拉维扎曾教他的学生想象冲马桶的情景，他甚至会把一个手掌大小、带有冲水按钮和冲水声音的马桶玩具带进美国职业棒球大联盟球队的休息区，任何一名球员都可以轻易地把糟糕的击球或球场上失误的记忆从脑海中"冲走"。用任何对你有效的图片、符号或动作来表示那个消极想法的结束、离开或毁灭。无论这个触发标志是什么，它都能让你彻底摆脱无效、消极的想法，为更有效的想法扫清道路。

　　继续以铁人三项运动员为例，这个"安静"步骤非常简单。斩钉截铁地对自己喊停，完全掌控自己的思想和当下这一刻。

第三步：替换

该果断反击了！就像一名了解对手的进攻方式并成功抵御迎面一击的拳击手，或一位反驳对手提出的证据的辩护律师一样，现在你可以用回击或结辩陈词来进行最后的总结，并赢得这个小而重要的第一场胜利。回击或结辩陈词是什么？你在"十大成就"清单、每日 E-S-P，或例行即时进展回顾反思中提出的一段记忆如何？快速浏览一下你的日记，你就会找到很多合适的"总结发言"（"面对严密的防守，我三分球 10 投 8 中"）。在你每次走过门口时都重复的肯定陈述如何？其中的任何一句都是对心理银行账户所受攻击的有力反击（例如，我能在困难情况下做出重大决定）。数学不好的学生持有的糟糕想法"我永远也搞不懂这些东西"可以停止，并立即替换为"我之前学会了新公式，现在也可以"。足球运动员在前两次触球失误后脑中冒出的怀疑之音（我今天是怎么了？）可以被替换为"我很好，下一次就好了"。通过练习，你的头脑中产生的对信心的每一次攻击（是的，有时我们确实是自己最大的敌人），都可以被承认、令其安静，并被替换。即使那些涉及你的人身安全和生存的事情也是如此。

在铁人三项运动员的例子中，你用一个在训练和过去的比赛中练习过上百次的咒语来替换所有的恐惧和怀疑。只需一个深呼吸，然后给自己一个激励指示："重新集中精神，出发！"这就是你要做的全部，来让自己重新划水，回到比赛中。不知不觉中，你在比赛的游泳部分排名是64名选手中的第7，只落后领先者5秒，而之前你几近退出。你以第10的名次完成了比赛，跻身美国顶尖选手，并获得了你自己的最佳成绩。完成比赛并创下个人最佳成绩的感觉很好，赢得对抗怀疑和恐惧之音的个人心理斗争的胜利同样会带来一种特殊的成就感。"每个人在被揍一顿之前都感觉很好"，尼克·范达姆多年之后告诉我，"这才是真正的竞争开始的地方。"

乔纳斯·阿纳扎加斯提中校完全同意这个观点。"自信，"他说，"不是不怀疑，而是你如何应对怀疑。"在西点军校受训的最后一年，他参加了战斗潜水员资格课程（Combat Diver Qualification Course，以下简称CDQC），那时他的自信每天都遭到攻击。CDQC是一门对体能要求高、技术复杂的水下航行和表现的特种部队资格课程，学员要花5周时间学习如何在最苛刻的条件下成功操作水肺装备。在"自信心测试"中，按照CDQC的结课要求，学员入水时必须穿戴全套水肺装备，同时还要戴上黑色面罩。在视力完全受阻的情况下，他们要在水下度过接下来的20分钟，在这20分钟里，他们会被翻转10~15次，失去平衡，他们的水肺装备还会被关闭、被拆分，除此之外还会不断被教练伤害。这一切都是为了考验他们处理不可预知的逆境的能力。在这20分钟里，有10~15次他们必须屏住呼吸30~60秒，同时重新调整呼吸装置，恢复平衡。

当乔纳斯·阿纳扎加斯提跳入水中，准备第二次参加"自信心测试"时，他知道自己必须要赢。他第一次尝试失败了，再失败一次就意味着无法通过 CDQC，但是，在练习过以正确的视角看待失败（防护措施 1），以及冷静地承认、令其安静，并用"冷静，你会没事的"替换消极思维后，即使极度渴望空气，阿纳扎加斯提还是顺利地通过了测试。"这个成功，"他说，"证明了我能应付突如其来的困难。"他现在是美军第 4 游骑兵训练营的指挥官，这一职务给他带来了很多这种类型的困难，但是乔纳斯·阿纳扎加斯提中校无论何时都会获得最终发言权："我能应付。"

"获得最终发言权"可以确保你的自我对话保持建设性，这一简单及常识性的过程早在 20 世纪 70 年代就已经成为认知疗法的主要内容，心理学家阿伦·贝克和阿尔伯特·艾利斯偏离了当时主流的精神分析和行为主义理论，开创了新的流派。贝克和艾利斯领导了一场心理学运动，他们提出，个人的有意识的想法，而不是他们的无意识动机，是他们产生不适的主要原因，并且个人可以理性地检验这些想法的有效性。当它们导致了某种困难时，对它们提出挑战，然后用更有力量的想法来取代它们。这是对当时现状的重大突破，因为它让个体更能掌控自己的生活，并且为后来由马丁·塞利格曼领导的积极心理学流派的出现奠定了基础。

到 20 世纪 80 年代末，开始出现关于积极自我对话对表现的影响的正式研究。从那时起，许多研究证明了，它能有效地提高个人主观信心水平，以及在飞镖、滑雪、长跑、耐力骑行、射击和篮球等任务中的客观表现水平。2011 年，希腊塞萨利大学的一个团队对37 项关于自我对话有效性的研究进行了综合性元分析并得出结论："总体而言，自我对话被证实是提高运动任务表现的有效策略。"同年，英国班戈大学的一个团队完成的另一项元分析得出，"现有的证据确实表明，自我对话对认知（特别是注意力和集中力相关变量）、认知焦虑和动作技能的技术性执行有积极影响。"除了运动和动作技巧领域，自我对话干预已被证明对公共演讲、改善身体形象和压力管理都有效。

然而，据我所知，关于自我对话的价值的最有用、最相关的研究来自记者亚力克斯·哈钦森的经历，他是 2018 年出版的《忍耐力：关于大脑和身体极限的科学》（*Endure: Mind, Body, and the Curiously Elastic Limits of Human Performance*）一书的作者，在这本书中，他探讨了（正如书的副标题所示）"人类表现的奇妙弹性极限"。哈钦森 1997 年毕业于加拿大蒙特利尔的麦吉尔大学，大学时期他是 1500 米赛跑运动员（他两次获得加拿大奥运会预选赛的资格）。在麦吉尔队的时候，他听到一位运动心理学家建议说，每当听到内心的声音提起每个中长跑运动员都有的恐惧和忧虑（比如"这速度太快了"或"不知道我能不能跟上"的想法）时，就开始与自己对话，并且把这个声音替换成一个能持续不断提供有益建议的声音，比如"绝不屈服"或"坚持到底"。但是哈钦森和他的队友们认为，所有关于这些"激励型自我对话"的建议都是无稽之谈，从未付诸实践。和许多处于体能巅峰的运动员一样，他们认为在体育运动中要取得成功，仅仅取决于强大的肺活量和肌肉。他们当时并不相信关于自信和自我怀疑的心理斗争。

　　快进 20 年。哈钦森已获得物理学博士学位，参加了几十场马拉松和超级马拉松（超过 42 千米的长跑运动竞赛），详尽地研究了每一个影响耐力表现的因素——训练方案、饮食习惯，当然，还有运动心理学。他在研究过程中遇到了肯特大学的塞缪尔·马科拉，马科拉对人类耐力的探索涵盖激励型自我对话（这也是哈钦森及其大学队友曾经嘲笑过的）对力竭时间（运动员在筋疲力尽之前全力以赴地骑健身车的时长）的影响。在 2014 年的一项研究中，马科拉及其同事找了 24 名受训自行车手，确定了他们的力竭时间，然后在接下来的两周内，让其中 12 名车手在训练环节的开始和结束阶段使用积极短语，本质上就是练习在厌烦、疲倦或痛苦敲响他们心理银行账户的大门时，如何赢得最终发言权。当两周后再次进行力竭时间测试时，实验组的车手在第二次测试中的坚持时间比首次延长了 18%，而对照组车手的力竭时间完全没变。此外，积极自我对话组在整个测试中对主观努力程度（他们感觉自己工作有多努力）的评级较低。坚持时间延长 18%？在骑车时感觉更好了？在任何领域中 18% 的进步有多大的意义？无论是击球率、射门命中率、恢复时间，还是成功完成交易，谁不想提高18%的绩效呢？看到这些数据，并将其与他自己的研究结合考虑后，哈钦森改变了对于反驳焦虑之音以及获得最终发言权的看法。在《忍耐力》的第260页，也是全书的倒数第7页中，他写道："如果我能回到过去，改变我的跑步生涯，在我撰写了10年关于耐力训练的最新研究之后，我要给年轻时充满怀疑的自己一条最重要的建议，就是抱着勤奋和不嘲笑的态度进行激励型自我对话训练。"我希望我所有的来访者和学生，都能从哈钦森的经验中得到启示，并定期练习"获得最终发言权"。

不幸的是，并不是每个人都会这样做。几年前，一名职业冰球运动员与一支美国国家冰球联盟的球队签了一份价值数千万美元的梦幻合同。他拥有人们梦寐以求的身体天赋，球队认为他就是那个他们期待已久、能在关键位置发挥影响力的球员。但他们的愿望落空了。这名球员几乎立刻就发现，自己被持续不断的负面自我对话所带来的的恐惧吓瘫了，他在比赛中的表现也随之受到影响。当我建议他反驳那些攻击他的声音时，他歪着脑袋看着我，像看一个疯子。他可以控制自己的思维，并利用它们让自己处于更佳的情绪状态，这是他从未考虑过，也完全无法理解的事情。对他来说，那些声音就是"老大"，而他只是一个被动的倾听者。他继续任由消极自我对话自由发展，这种破坏性的心理习惯最终导致了他的失败，他的运动生涯早早结束了。诚然，这是一个极端的例子，但如果消极自我对话不是这么一个自信的"神偷"，就不会有那么多来访者在我们第一次见面时就告诉我："很多时候，我就是自己最大的敌人。"

坚持到底

尽管"获得最终发言权"的做法简单直接，但有三个因素会令其难以持续。对这些因素做一些了解，可以让你更容易地承认消极想法、令其安静，以及替换它。

第一个因素是一种普遍误解："如果你真的自信，你就不会有任何消极自我对话。"我们一直误以为，自信而成功的人，像勒布朗·詹姆斯和迈克尔·菲尔普斯这样的冠军，都拥有神奇的对消极想法免疫的"防弹"头脑，他们已经永久地压制了恐惧和不安的声音。与之相比，像我们这样在各自的专业领域为成功而奋斗的人，都欣然承认我们有大量的消极自我对话，因此我们认为，我们无法像那些冠军表现出来的那样自信。这是无稽之谈。事实上，那些"冠军"有很多内部消极自我对话，而且它们常常在最糟糕的时机发声。网球界传奇人物阿瑟·阿什 1980 年在纽约与我偶遇时向我承认，他有一次走进温布尔登中央球场参加半决赛时，心想："如果今天我第一发球失利了怎么办？"据说，在 1926 年的美国公开赛上，高尔夫传奇人物鲍比·琼斯曾在只需要在离球洞不到 8 厘米的地方把球轻击入洞就能取胜时，心想："如果我把球杆插到了草皮里，没能击中球怎么办？"曾在 1972 年奥运会上获得银牌的美国摔跤选手约翰·彼得森在 1976 年奥运会上走进赛场时，从闭路电视上瞥到了自己的身影，心想："全世界都在看我，如果我被对方压制住了怎么办？"这些"冠军"（他们那天都赢得了各自比赛的胜利）和我们的唯一区别就是，对这些恐惧和担忧之音的回应方式。"普通人"，就像前文提到的冰球运动员，允许这些声音持续地低语、尖叫。而"冠军"和所有人一样，也会频繁听到这些吵闹的声音，但对他们来说，那些声音每次出现，都意味着是时候加强对大脑的控制，用更有益的声音来取代这些攻击性想法或声音了。勇敢不是不恐惧，而是能正确地应对恐惧，正如阿纳扎加斯提中校观察到的，自信不是不会自我怀疑，而是持续地抵抗自我怀疑，维持正确的想法。

关于"获得最终发言权"，你需要了解的第二个因素是：不幸的是，你不得不一遍又一遍、一遍又一遍地做这件事，直到你退出你的专业、运动或研究领域。就像老街机游戏打鼹鼠一样，那些想要"打劫"你的心理银行账户的声音会反反复复地出现，不管你打倒它们多少次。从这个方面来说，赢得自信的第一场胜利与赢得永久终结战斗的决战（比如，德国和日本投降标志着第二次世界大战的终结）不同。与常规战争中的外敌不同，怀疑、恐惧和不安全感这些内部敌人永远不会被打败。它们都属于人类本性的一部分，没人能够逃脱。电影、电视和其他媒体一直在向我们传达一个谎言：

一旦某个仙女教母或智慧导师与我们分享成功的秘诀，我们所有的恐惧和不安全感都会消失，从此过上幸福的生活。这是谎言，不要相信。

为了帮助来访者克服自我怀疑的普遍性和顽强性的影响，我经常会播放一段视频片段，内容是在 2013 年的电视真人秀《终极格斗》（The Ultimate Fighter）中，综合格斗选手兼教练查尔·索南为年轻选手乌利亚·霍尔提供咨询。在这段视频中，霍尔向教练承认，他偶尔会丧失信心。"这就像一滴毒药，"他坦白道，"滴入你的头脑然后污染一切。"索南教练共情地回答说，他在职业生涯中也经历过同样的事情，然后分享了他从一位运动心理学家那里学到的两个观点。第一，他并不孤独——他曾经认为他会那样怀疑自己是因为他有某种缺陷，但他逐渐意识到每个拳手都有；这只是在追求成功的过程中的正常部分。第二，它们永远不会彻底消失。索南提到了自己与名人堂综合格斗选手兰迪·高定的一次对话，高定在对话中承认，他永远无法战胜"他脑海里的事后批评和消极声音，但他可以和它们抗争"。索南祝贺年轻的战士承认了他正在进行的心理斗争，并提醒高定，他可以选择应对这些不可避免的自我怀疑的方式："当怀疑渗入时，你有两条路可以走……一条通往成功——移动双脚、举起双手、远离低谷，另一条通往失败。"这是个好建议——你永远不会获得决定性胜利。但是你可以每时每刻、日复一日地取得许多小胜利，只要你在消极想法出现时，承认、停止并替换它们。这些小胜利是最重要的，因此，你应该为自己能稳定而持续地赢得胜利而感到自豪。只要你能勇敢地与消极想法抗争并替换它们，你就赢了。

最后一个影响"获得最终发言权"的因素是，自信的敌人极其狡猾。它似乎确切地知道哪一项运动技能、专业能力或人际关系技能是你最没有安全感的，它会在你最薄弱的地方攻击你。当你看到同事或队友（或者更糟糕的是竞争对手）似乎毫不费力地执行一项你似乎不擅长的技能或任务时，自信的敌人就会立即发现这一点并向你发起攻击。如果一位一直在努力练习翻滚转身的好胜的游泳运动员，从竞争对手的转身练习中窥探到了他的力量，心想"我希望我也能做得那么好"，他的信心便会受到打击。一名数学成绩一直不好的研究生心想"统计期中考会很惨"，他的自信便会受到打击。和前两个因素一样，这也是人性的一部分。我们都对影响我们表现的个人短板有强烈的意识，甚至高度敏感。但我们可以选择认识到这些缺点，努力改善它们，并在为之努力的时候，拒绝听那些阻碍我们成功的声音。

在 1994 年的棒球喜剧电影《大联盟 2》中，有一幕很幽默，球队老板——她内心希望球队输掉比赛，这样她就能轻松地把球队迁移到另一个城市——在球队准备参加一场重要的季后赛之前，大步走进球队更衣室。老板（由玛格丽特·惠顿扮演）穿着一件闪亮的黑色晚礼服，走到主力球员面前，提醒每个人他自己最糟糕的棒球比赛数据。她对一名选手说："得点圈有跑者时你的打击率才0.138，你不可能不进步。"她对另一名选手说："我相信你已经把去年季后赛 18 球中 1 的成绩远远甩在身后了。"虽然这个场景很可笑（没有哪个大型体育球队的老板会希望自己的球队输掉比赛），但当我向来访者展示这一幕时，总会得到他表示理解的点头，因为我们每个人都有自己内心的"不良记录"，它总是出现在所有错误的时间，提醒我们在哪些地方失败了、做错了或表现不佳。这没什么可羞愧或害怕的。"不良记录"甚至能提醒我们，我们可以在某些方面做得更好。但是，如果纵容这些"不良记录"，让它们继续影响我们心理银行账户里的思维"流动总和"，肯定会削弱我们的信心和表现。可以倾听一会儿"不良记录"对你说的话，如果这些话不能给你提供任何帮助，那么就练习你的心理过滤器，承认你受到了攻击，让消极之音安静下来，然后代之以能带来能量、乐观和热情的想法。

防护措施 3 "射手心态"——坏事发生时如何获得信心

如果你对于保护自信不受生活中不可避免的挫折侵袭的责任、人类不完美的现实，以及所有那些内部消极想法的反复攻击感到灰心丧气，我将向你介绍一个振奋人心的强大概念——第三个防护措施，以此作为本章的结论。到目前为止，本章所介绍的防护措施当然可以防止你宝贵的心理银行账户被挫折及随之产生的消极想法掏空，但是，为什么不把你的心理过滤器提升一个档次呢？这样，你的账户不仅能保持稳定，还能在困难面前持续增长。即使犯了错、遭遇了挫折、表现低于巅峰状态，你还是可以利用你的心理过滤器来获得信心。通过结合前文提到的两种保护措施，再加一点选择性失忆，然后加上一些选择性期望，你就可以达到这一目的。这就是所谓的"射手心态"，任何运动（篮球、冰球、足球、棍网球）和任何领域（科学、销售、创业）中所有伟大的"射手"都一贯保持着这种态度，使自己不断处于突破和胜利的位置上。"射手心态"由两种思维习惯组成，乍一看它们似乎相互排斥，但两者结合起来确实可以为你赢得许多第一场胜利。第一种习惯是倾向于认为任何错误或挫折实际上会让你更接近成功，而不是远离成功。第二种习惯是倾向于认为一旦取得成功，就会持续成功下去，并更有可能获得其他方面的成功。在"射手心态"中，失误确实可以被解释为暂时的、有限的、非代表性的，但它们也会被视为好运即将到来的信号。另一方面，成功被解释为永久的（"会再次发生"）、普遍的（"现在其他好事也会发生"）。如果你愿意培养这两种习惯（想做的意愿是唯一所需），你就将拥有一件心理热核武器。

美国职业篮球联赛（NBA）金州勇士队的得分王牌斯蒂芬·库里无疑就拥有这种能力。他的教练史蒂夫·科尔说："库里只会想一件事：'我会投中'，如果他失败了，这对他也没什么影响，因

为他知道下一次他就能投中"。在库里的高度选择性和具有功能建
设性的思维中，任何一次投篮失误都只会让下一个球更有可能投
中，而不会让人担心他可能会度过一个沮丧的夜晚。这种高度选择
性和支持性的思维也假定，无论什么时候他进入状态，投进一个又
一个球，他都会整晚保持这种状态，而不是担心他的运气会在什么
时候耗尽。这种想法虽然不符合逻辑，但肯定是有帮助的，而斯蒂
芬·库里也不会有其他想法。

托马斯·爱迪生在他传奇的一生中发明了电灯、蓄电池以及其
他我们在今天的日常生活中习以为常的科技产品，他肯定也拥有这
种能力。他不会把任何不成功的试验或测试看作"失败"（据说在
发明出蓄电池之前他经历了 9 千次"失败"），爱迪生认为，每一次
测试都为他提供了有价值的信息，这能帮助他越来越接近最后的成
功。每一次所谓的失败并没有耗尽他的热情和精力，反而让他更加
确信成功就在眼前。我们应该感谢爱迪生在一次次"失败"面前坚
持不懈的乐观精神。

泰格·伍兹在他的高尔夫职业生涯的 10 年巅峰期里也有过这种
经历。在此期间的一场比赛中，在 4 轮比赛的第 3 轮结束后，伍兹
落后领先选手 12 杆，一位记者问伍兹打算如何为下周的下一场比
赛做准备。伍兹回答说他根本没想过下一场比赛，而是把全部精力
都放在了明天最后一轮比赛的备战上。"但是你还差 12 杆，几乎已
经出局了。"记者指出。"我不这么看，"伍兹说，"我知道我有 55

分的潜力，如果我把它发挥出来，那么位列领先排行榜上的一些人就会动摇，我仍然可以赢得这场比赛。"对于像伍兹这样的表现者来说，"低水准的发挥将持续下去"的想法在他的脑海中并未占据一席之地。相反，他（以及和他一样的人）坚信，再接再厉将让他取得巨大的成功。与普通人不同的是，每一位杰出的表现者都拒绝被自己的过失、挫折和"失败"所困扰，他们只会看到自己面前越来越多的机会。

我第一次接触到这个概念是在运动心理学博士课程中，当时我的导师鲍勃·罗特拉博士分享了他几年前和研究生所做的一个练习。罗特拉一直对成功运动员是如何思考的感到好奇，他召集了一组弗吉尼亚大学最优秀的校际运动员，让他们各自向他的研究生描述他们运动生涯中最自信的时刻。如你所料，运动员讲述了一个又一个优秀而成功的故事：达阵得分、创造个人纪录、击败对手。直到轮到斯图尔特·安德森。

与小组中其他运动员不同，当时是弗吉尼亚大学一名橄榄球运动员的安德森，向研究生描述了一场他表现得相当糟糕的比赛，那是一场高中篮球季后赛，直到比赛的最后一分钟，他在场上的14次投篮中只命中1次。尽管他的表现很差，但他的球队打得不错，追平了比分，所以他的教练要求暂停，把队员们聚在一起做最后的准备。因为安德森那天晚上没有打出正常水准，因此教练自然打算安排另一名球员来承担有可能赢得比赛的最后一投。当他说出这个想法时，安德森打断了他："不，教练。把球给我。我想投！"起初，教练拒绝了，但安德森一句相当严肃的话改变了教练的想法："把球给我，我想投最后一球。我一定会投中。"这句话让教练相信，安德森确信他能投进关键的一球，所以他相应地修改了战术，然后让球队上场。在比赛的最后几秒，安德森接到球并投进完美的一球，赢得了比赛。虽然比赛中他 15 投 2 中的表现不尽如人意，但最后他被兴高采烈的队友抬出了球场。

听到这个故事后，研究生立刻问安德森，考虑到他在比赛中的表现如此糟糕，是什么让他认为自己能投进最后一球。安德森回答说，在他的整个职业生涯中，他的投篮命中率是 50%，所以在失误几次后，他认为自己下一次投篮命中的概率就会超过 50%。这句话让正在学习统计学和研究方法论的研究生颇为惊讶。安德森的想法与他们所学的概率论背后的逻辑相悖。但安德森继续说："连输四五次后，我认为我的命中率超过了 50%，但在比赛的最后，在我失误了不知道多少次后，我认为一定能投中。"矛盾的是，安德森在每一次投篮失误后都变得更加自信。这一开始让学生们感到困惑，但他们中的一些人开始意识到，尽管从科学的角度来看这不合逻辑，但安德森的这种思维方式是正确的。其中一人问道："你的意思是，你认为每一次投篮未中，你的命中概率会变大，但如果你连续投进几球呢？这会让你觉得下一投肯定会失误，以此回归你的平均水平吗？"安德森回答："不！如果我处于连胜状态，我就会认为我所做的一切都会成功，因此我会继续投篮！"对学生们来说，这句话是合乎常理的——如果事情进展顺利，只需要尽情享受。

但接着一个学生举手问道："怎么能两全其美呢？当你投丢球的时候，你认为你的胜算越来越大，但当你投进球的时候，你也认为胜算越来越大，你怎么可以这么想呢？"安德森的回答很简单："不知道。我就是这么想的。"

这就是"射手心态"——失误只会让命中更有可能，而命中只会为更多命中创造机会。不，这确实不合逻辑，但它有助于在关键时刻产生一种至关重要的确信感，而这种确信感总是会为你带来成功的最佳机会。这个故事的寓意是，你对自己以及自身表现的所有想法，都会进入你的心理银行账户，这些想法并不需要符合严格的日常逻辑。斯图尔特·安德森、托马斯·爱迪生以及贾森·马西亚（第4章提到的具有功能性妄想但非常成功的汽车销售员），他们都选择以能促进努力和热情的方式过滤，以及选择性地解读在球场、实验室和展厅里发生的事情。你可以说，他们每个人创造了他们自己的"现实"、他们自身独特的心理环境，也许这对其他人来说并不总是"符合逻辑"，但这能给他们充分发挥天赋和技能的机会。从逻辑上来说，泰格·伍兹（或任何其他高尔夫球手）在落后领先选手12杆的情况下，本应对赢得比赛不再抱有希望；托马斯·爱迪生在经历了几千次失败的测试后，应该放弃为这种几乎不被理解的物质——电——开发存储设备的想法；贾森·马西亚没有理由认为每一位进入店里的人都会在那天买一辆车。销售数据，以及他所在行业里铁一般的事实，都能反驳他的想法。那么他为什么抱有这种心态，从这种个人"现实"出发呢？因为这总是能带给他促成交易的最佳机会。对于伍兹、爱迪生和其他所有人来说也是如此：当你带着这种确信感行动时，你的天赋、技能和经验都能结合在一起，在那一刻激发出你的最佳状态。这样做能保证每次都取得胜利吗？当然不能。它能防止人类的不完美影响你的工作吗？当然不能。然而，它能帮助你在不可避免的人类不完美中表现得更好，这将为你创造赢得任何胜利的最佳机会。

小结

这是你的自信。你通过管理自己的记忆、对自己讲述建设性故事、想象你渴望的未来，来努力创建你的心理银行账户。但这个银行账户很容易遭受攻击。你的自信很脆弱，需要得到保护。尽管你竭尽全力、用心良苦，你的队友、同事，当然还有你自己都会犯错，原因很简单，因为你们是人类。你高度发达的大脑产生的不间断的精神喧哗，总是包含一些质疑、事后批评和自我批评。但每一次对自信的攻击都让你面临一个选择，要么采取防护措施，要么让这个世界、人类的不完美或消极想法控制你的确信感。你可以选择把所有这些外在挫折都视为暂时的、有限的、非代表性的，你也可以选择在自我怀疑出现时"获得最终发言权"。即使犯了错，你也可以选择保持"射手心态"来获得自信。只要你采取了这些保护措施，无论你需要多么频繁地这么做，你都在为自信赢得持续不断的心理斗争。这些保护措施的每一次实施、应用，都是赢得一次"第一场胜利"，你明白自己已尽所能，可以为此感到自豪。按照以往的经验来看，使用这些防护措施还将引导你取得其他胜利。

第 6 章

与众不同

让心理银行账户利益最大化

让我们暂停一下，回顾前几章的内容。

自信的本质以及无法逃避的事实是，自信最根本的来源是你看待自己、你的生活及周围所发生之事的方式。

你需要选择性地思考，在这个过程中，你需要利用人类的自由意志来过滤输入大脑的内容，强化那些可以带来能量、乐观和热情的想法和记忆，忽视其他想法和记忆或对其进行重构。

创建心理银行账户的具体工具和技巧：管理记忆、重复建设性故事，以及想象你渴望的未来。

防止生活中不可避免的挫折、人类的不完美和我们自身的消极想法摧毁心理银行账户的心理工具和技巧：将挫折合理化为暂时的、有限的以及非代表性的，将每一个消极想法视为停止、处理和控制的触发点。

以上所有内容都是为了帮助你在关键时刻赢得果敢和信任的第一场胜利。遵循这些原则，你就不太可能在表现时深陷分析、评判和担忧之中，因为你已经在心理银行账户中存下了一大笔相信自己的理由；将自我批判和自我干扰降到了最低；把注意力集中在你想要达成的事情和想要成为的样子上，而不是你害怕或希望避免的事情上。这些实践方法是有效的，并得到了科学的有力支持。然而，尽管很有效，但它们还没有成为学校教育的主流，也没有被现代社会普遍接受。正如本书导言中提到的，对于自信，现代社会的观念非常矛盾——对个人来说，拥有一些自信很重要，但对于社交来说，太过自信是致命的，究竟有多少自信才算"刚刚好"，这一界限从来都不清晰。

在本章中，我建议你仔细检视一下我们文化中盛行的关于自信发展和自信表达的一些假设和想法。在你成长和早期训练的过程中，很可能你接触到的一些观点都鼓励你要顺应和融入，而不是脱颖而出，充分表现自己。《牛津英语词典》（*Oxford Dictionary of English*）将"社会化"过程定义为"学习以社会可接受的方式行事的过程"，这是一把双刃剑。它提供了安全和保障，但它并不总是鼓励你追求个人卓越。如果你想知道自己在你所选择的运动、艺术或职业领域中有多出色，并持续赢得第一场胜利，你就必须面对社会化的消极面，并决定以不同的方式思考。本章将向你展示如何操作。

"以不同的方式思考"的个案研究：戴恩·桑德斯

　　为了进一步加深我们对第一场胜利的理解和实践，让我们进行一次"个案研究"，检视一个非常自信且优异的个体的思维过程。我一直很喜欢个案研究——直接找到那些表现出有趣或可贵特质的人，仔细研究他们，然后分享收集到的知识。我所推荐的十大运动心理学图书之一，是英国田径运动员戴维·赫梅里（1968 年奥运会400 米栏金牌得主）所著的《追求运动卓越：对运动最高成就者的研究》。我为什么要推荐这本书呢？因为它讲的是真实的人在真实的人类表现世界中脱颖而出的故事。赫梅里采访了各种体育运动中的 50 位冠军和顶级选手，以确定"在体育界取得最高成就的人当中，是否有一些共同因素适用于任何渴望发挥自己天赋的人"。赫梅里的个案研究提供了宝贵的见解，让我们了解在现实世界中什么才是真正有效的（不出所料，87% 的受访运动员说他们有很强的自信）。一些最有影响力的商业书籍使用了类似的个案研究方法。1982 年，管理顾问汤姆·彼得斯和鲍勃·沃特曼出版了《追求卓越：美国最佳经营公司的经验》一书，他们在书中指出了令一些非常成功的公司有别于大多数美国企业的特征和实践。在接下来的 15 年间，这本书卖出了 450 万册。直到今天，它仍然是该领域的经典著作之一。2001 年，吉姆·柯林斯出版了《从优秀到卓越：为什么有些公司能取得飞跃》一书。这本书同样描述了使企业脱颖而出的

决定性特征和实践，并且也成了畅销书。这3本书的共同之处在于
它们的个案研究方法：这些作者不是从一个关于成功的想法或理论出
发，然后寻找例子作为证明，而是直接找到那些成功的公司和个体，
了解它们做了什么，让它们得以与众不同。

　　让我们本着这一精神来研究一个非常成功的个体，看他是如何
建立并维护引人瞩目的心理银行账户，以使自己超越竞争对手的，
请注意他的思维方式与主流有多么不同。这项研究将引导我们对影
响心理银行账户的一些基本假设和信念提出重要的问题。这些信念
是否鼓励了过度分析和其他形式的无效思维，使我们无法赢得第一
场胜利；或者它们是否帮助我们进步，使我们能从竞争对手中脱颖
而出？我们能接受更有建设性的新信念来帮助我们赢得第一场胜利
吗？当然可以。

　　来看看我们的个案研究对象：戴恩·桑德斯。任何参加过超级
碗的人都会告诉你，那是一次难以置信、永生难忘的经历。任何参
加过世界大赛^①的人也会这么说。但是世界上只有一个人同时参加
过超级碗和世界大赛。这个人就是戴恩·桑德斯，橄榄球名人堂防
守后卫和前美国职业棒球大联盟外场手。他获得了2枚超级碗冠军
戒指，8次职业碗出场，至2014年都未被打破的连续19次触地得

――――――――――

① World Series，美国职业棒球大联盟每年10月举行的总冠军赛，是美国以及加
　拿大职业棒球最高等级的赛事。——译者注

分的 NFL 纪录。桑德斯兑现了他的声明："我不想在任何事情上表现平庸，我想成为绝对的王者。"桑德斯是否是最棒的，让橄榄球专家来决定吧！但没有人敢说桑德斯是平庸的。"平庸"（mediocre）一词来源于拉丁语"mediocris"，意思是"中等的、普通的、平凡的"，这个词绝对不会被用在号称"黄金时间"和"霓虹戴恩"的人身上。

1989 年，桑德斯开始了他的职业橄榄球生涯，为亚特兰大猎鹰队效力，同时也在亚特兰大勇士队打棒球。他在 1994 年的 NFL 赛季中为旧金山 49 人队效力，并帮助他们获得了那年的超级碗冠军。就在那个赛季，他接受了美国娱乐与体育电视台的一次非常出色（在我看来）的电视采访。在前 NFL 四分卫乔·泰斯曼 5 分钟的采访中，桑德斯发表了 5 个声明，这 5 个声明为任何追寻第一场胜利的人来说都是完美的示例。

在回放一些桑德斯的精彩片段——比如抄截和庆祝达阵——之后，采访开始了。桑德斯坦率而简单地说："我相信我比你强。"他没有任何虚张声势或大张旗鼓的样子，而是一副实事求是的冷静模样。30 秒后，桑德斯直截了当地说："我将在一场比赛中打败你。"不到 20 秒后，采访者泰斯曼开始提出他的下一个问题："当球在空中的时候……"但桑德斯甚至没有让他说完。他打断泰斯曼，说出了我听过的最深刻的评论之一。桑德斯说，指的是空中的球："它是我的！它是冲我飞来的，不是冲他去的！空中的球注定是我的。我认为这是一个防守后卫必须有的态度。"当桑德斯在回答一个关于争球线上的脚部技巧时说："我一直在改变步法，我让他们一直关注着我，我颠覆了他们头脑中的信条。现在他们不得不担心我和我的下一步行动。"最后，桑德斯回答了一个关于他的新球队——旧金山49人队——的问题："他们必须相信自己，这就是我所做的，我帮助替补球员相信自己。"桑德斯的每一句声明都开启了一扇窗户，让我们得以一窥他的心理过滤器，以及他如何赢得第一场胜利。接下来让我们仔细研究他的每一句声明。

1. "我相信我比你强。"

这句话是否是事实并不重要。桑德斯真的比他负责防守的外接手"强"吗？这个问题也留给专家和统计学家吧！然而，重要的是，桑德斯真的相信自己更强。当他上场比赛时，他相信自己比当时的对手强，这种信念使他在比赛中丝毫不带自我意识，以及这种精神喧哗可能产生的短暂犹豫。他有这样的信念是"合理的"吗？同样的，这也不是重点。就像"射手心态"一样，你总是有时间和空间来用逻辑证明你的内在感受和信念是否合理，但有时也需要把逻辑抛到一边，只要去相信胜算总是在你这边。我敦促我的每一位来访者和学生都欣然接受并实践这一思维习惯。相信你比所面对的任何对手都强，这是你发挥出最佳表现的先决条件，无论"对手"是另一个人——就像在体育比赛中一样，或者是一份报告、一首协奏曲，还是一条需要在手术中绕过的阻塞动脉。在那一刻，你是愿意选择相信你比对手更强，还是有其他想法？第一场胜利秘诀：带着你一定会成功的信念去完成每一项任务。

2. "我将在一场比赛中打败你。"

当你在 NFL 中担任角卫时，规则对你不利。世界一流的外接手正沿着预计路线全速向你逼近，而你必须后退，依情况猜测他们的后续行动。尽管天生具有惊人的移动速度，也通过勤勉的训练能迅速后退，但每一个角卫，包括桑德斯，都会在每场比赛中输掉几次。在一些比赛中他会被击败，眼睁睁看着对方球员完成传球，甚至他负责防守的球员偶尔会达阵得分。但是当这种情况发生时，桑德斯会践行李小龙"合理化失败"的原则，将其当作暂时的（只是这一次）以及有限的（只在这一处）。带着这种选择性记忆，桑德斯就会忘记你是否在上一场比赛中碰巧打败了他，把他所有的精力和天赋都投入比赛，这样他就可以在现在的这场比赛中打败你。第一场胜利秘诀：唯一重要的时刻就是现在，远离过去的任何阻力。

3. "它是我的！它是冲我飞来的，不是冲他去的！空中的球注定是我的。我认为这是一个防守后卫必须有的态度。"

乍一看，这种说法荒诞不经；空中的这个球肯定不是冲着戴恩·桑德斯去的。对方的四分卫、接球手和教练组每周都要花几个小时来设计和练习如何让球远离桑德斯。但在桑德斯高度选择性和功能性的妄想思维中，他认为空中的球是他的，而且是他一个人的。

我敦促我的所有来访者和学生，将"空中的球"视为结果尚未确定的情况。当橄榄球在空中盘旋时，没有人能确切知道它会落在哪里，或者最终会发生什么。它可能会被抓住，可能会掉到地上，可能会在空中被撞飞，也可能毫发无伤地掉到草皮上，没有人能抓到它。这种不确定局面可以以几种方式来看待。我们可以中立地看待它，带着"我们来看看将会发生什么"的态度。我们也可以以一种恐惧和不祥之兆的视角来看待它，"噢，这可能对我／我们不利"。但是这种"空中的球"的不确定情况，可以通过功能性乐观和自信的心理过滤器来看待："这注定对我／我们有利。"实际上，任何不确定情况都可以如此处理。

请暂停片刻，考虑一下你每天在工作、体育或职业生涯中面临的"不确定情况"。你是否认同戴恩·桑德斯对待每一个"空中的球"的"它注定是我的"的态度？我建议每一个参加团队选拔的运动员都要想，我注定在团队名单上有一席之地！我建议团队中的每一个运动员都要想：首发阵容中注定有我的位置！我建议任何球队的每一个首发球员都要想，全联盟或者全美奖项是我的！就像戴恩·桑德斯说的："我认为这是一个防守后卫必须有的态度。"我认为这是每个运动员、每个专业人士和每个表现者必须有的态度。第一场胜利秘诀：每一种不确定情况都是对你有利的，所以要以绝对的自信行动。

4. "我一直在改变步法，我让他们一直关注着我，我颠覆了他们头脑中的信条。现在他们不得不担心我和我的下一步行动。"

　　我不确定桑德斯是否真的改变了对手的"信条"，但我完全同意他的工作原则。不是想着："好吧，我要防守＿＿＿＿＿＿（填入兰迪·莫斯、杰里·赖斯、安德烈·赖森，以及任何一位与桑德斯同时代的顶尖外接手），确保他不会在重大比赛中让我们一败涂地。"桑德斯在比赛中的态度是："那个兰迪·莫斯（或其他什么人）肯定得忙着打败我。想要抓到我的把柄，他还不够格。"桑德斯（以及任何心理强大的职业选手）认为，是新对手或新情境需要匹配他目前的能力水平，而不是认为自己必须提升比赛水平来对抗任何对手或在任何新情境下取得成功。压力不在他身上，现在压力转移到另一个人身上了。请注意，桑德斯会投入大量的准备和学习，为高水平的表现做好准备，但他也会坚信，他的准备总是充分的，现在压力在另一个家伙身上。这是关键。

　　对你来说，"顶级外接手"是谁？谁是你的竞争对手，你会如何看待他们？他们是阻碍还是力量——一些需要你"深入挖掘"才能找到的、能够让你成功的特殊力量或智慧储备？你是否会给自己施加压力，认为"我必须非常优秀才能战胜某某人或赶上截止日期"？还是你会认为"对手必须打败我，我所要做的就是好好比赛

/ 完成工作，一切都会顺利的"，让自己平静下来。压力是在你身上，还是在想要打败你的对手身上？承受压力的是要赶在最后期限前完成任务的你，还是试图击碎你的镇静的最后期限？

让我们从另一个角度来看这种态度。电影《荣誉之人》(*Men of Honor*) 讲述的是关于卡尔·布拉希尔的真实故事，他是第一位非裔美国人，也是第一位获得美国海军一级军士长军衔的截肢者。在 30 年海军生涯的中途，布拉希尔在西班牙海岸附近的海底打捞一枚核弹头时，腿部严重受伤。当军士长是他的梦想，他并没有就此离开海军。他坚持把受伤的腿从膝盖以下切除，相信只要装上合适的假肢，训练跑步、游泳和潜水，他仍然可以成为一名出色的打捞潜水员。在电影中，官方听证会将决定他是否已准备好在手术和康复后重返工作岗位，由小库珀·古丁饰演的布拉希尔回答了主审官（一位对布拉希尔的身体是否适合海军打捞潜水员工作持怀疑态度的海军上尉）的一个问题。"你都快 40 岁了，而且只有一条好腿，"主审官说，"你真的认为你能跟得上年龄只有你一半的健康潜水员吗？"无论是出自好莱坞编剧的创作，还是布拉希尔当时的真实表述，他的回答都恰好符合戴恩·桑德斯的战术手册："问题是，先生，他们能跟上我吗？"第一场胜利秘诀：压力总是在对方身上，只要按你的方式完成比赛就行了。

5. "他们必须相信自己，这就是我所做的，我帮助替补球员相信自己。"

关于这句话我得谨慎点。虽然桑德斯是自信运动员的典范，但我不知道他是一名什么样的队友。在为本书做调研的过程中，我没有找到他的前队友对他在更衣室和会议室给他们带来积极影响的评价。相反，很多评论说桑德斯更关心自己的数据和荣誉，而不是他所在球队的成功。那么，我们该如何理解他那句"我帮助替补球员相信自己"呢？我认为，此处第一场胜利的秘诀是：营造真正自信的氛围（桑德斯肯定做到了），在他或他的团队遭遇挫折时树立乐观和心理弹性的榜样（他也做到了），这些都是对任何团队的宝贵贡献。我们不是在这个团队中就是在另一个团队中（在某些情况下，同时在几个团队中）。即使是单人项目的运动员（高尔夫球手、网球手）也有教练或导师，还很可能有一个搭档或配偶。个人艺术家和每一家小公司的独资经营者也是如此。每一位音乐家，即使进行独奏表演，也要依靠灯光、音响和录音方面的专业团队，才能完成一场表演。每一名外科医生都需要与包括一名麻醉师和几名护士的团队合作。这些和你一起工作、支持你的"队友"应该会从你的自信中获益。他们不应该在你状态最糟糕的时候看到你，也不应该成为你情绪低落时的抱怨对象（把这些都留给运动或表现心理学家吧）。你的队友从你身上得到了什么？不管你和你的球队处于连胜期还是低迷期，他们都会说你保持着高昂的态度吗？关于这一点，有一句很老套的谚语，但它绝对是正确的，任何属于团队一员的人都会同意："态度是会传染的。你的态度值得他人推崇吗？"虽然没有绝对把握，但我相当肯定桑德斯的防守替补队友得益于他的自信，并因此在比赛中表现得更好。第一场胜利秘诀：营造真正自信的氛围，树立乐观和心理弹性的榜样。

第一场胜利秘诀：决定与众不同

"谢谢你让我回到正轨，Z博士①。"说这话的人是丹尼·布里埃，他为美国国家冰球联盟效力了17年，他的传奇故事是他能在最重要的比赛中最重要的时刻打出最好的球。身高1.73米，体重77千克的布里埃依靠速度、狡诈，当然还有信心，在124场斯坦利杯季后赛中拿到了116分。在职业生涯早期，布里埃作为凤凰郊狼队的一员接触了运动心理学，那时培养出的自信心态帮助他成为顶级美国国家冰球联盟球员，以及2005—2007年布法罗军刀队队长。但当他在2007年与费城飞人队签约时，情况发生了变化。这是一座新城市的新球队，有一名新教练，并且合同金额高昂，所有这些调整都变成了干扰，让丹尼·布里埃的信心受到打击。布里埃并没有

_____

① Z为作者的姓津瑟（Zinsser）的首字母。

抱着"比其他球员块头大两倍"的态度打球，而是开始怀疑自己，而这些怀疑影响了他的表现。

但这些怀疑没有持续太久。丹尼·布里埃和我开始努力改变他的态度，通过稳定的高质量想象以及建设性自我对话（例如，我会在比赛关键时刻打出球）重建他的心理银行账户，并采纳了戴恩·桑德斯"球注定是我的"的观点。在 2010 年常规赛的最后一场比赛中，飞人队必须赢得比赛才能进入季后赛，丹尼·布里埃的自信——这种标新立异但具有建设性的思维的结果——显现了出来。那场比赛以平局结束，接着进行点球大战，每队选出 3 名球员，对对方守门员进行无人防守的点球射门；两队轮流射门，得分高的队获胜。丹尼·布里埃是飞人队上场的第一名选手，当他准备冲到冰上，与比赛中最好的守门员——纽约游骑兵队的亨里克·伦德奎斯特交手时，重担悄悄降临到他身上。"我知道这很重要。我知道所有人都在看着我，这是我们挺进季后赛的关键一战，我接下来的表现事关重大。"接着他就改变了想法。"这是我命中注定的……我注定要成为扭转局势的那个人……这是属于我的一刻！"布里埃带着球，从伦德奎斯特面前闪过，飞人队夺得了胜利。布里埃随后取得了冰球史上季后赛最卓越的表现——随着飞人队晋级 2010 年斯坦利杯决赛，打进 12 球，送出 18 次助攻。

反思那场比赛中的表现时，布里埃告诉我："我对你感激不尽。我们的努力确实发挥了作用，但奇怪的是很少有球员会这么想。"

布里埃所说的完全正确。培养这种内在的确信感，并在比赛的关键时刻发挥出来，这确实有效。这样做并不是每一次都能百分百保证成功，但总是能带给你最佳机会。但是为什么只有相对较少的球员（以及相对较少的人）愿意接受这种做法并持续使用呢？

一个简单又富有挑战性的回答是：因为它违背了学校及社会普遍教导的个体应该如何表现自己和追求成功的惯例。大多数人在成长过程中都会受社会的影响，普遍排斥像穆罕默德·阿里这样直言不讳、自信十足的人，他们认为这些人太傲慢、太自负、太自以为是。你的初中、高中或大学老师中，有人曾鼓励你，让你认为自己是你所处领域的佼佼者；不论发生了什么，在下一次机会来临时你都会取得成功；只要你认真投入，任何不确定情况都将对你有利吗？如果有，那么你非常幸运。

大多数人没有这么幸运。我们中的多数人都被好心的老师、教练和其他权威人士"社会化"了，他们鼓励我们在这个世界上找到自己的位置，舒适地融入其中，而不是建立帮助我们脱颖而出的自信。问问自己以下问题：

你的思维习惯、情感倾向和自我信念的主要来源是什么？你是怎么学会这样思考的？

在你的性格形成期，那些教导你、指导你的人和团体是否有兴趣帮助你发现（我怎么敢这么说）你可以变得多么了不起，或者他们更感兴趣的是确保你能舒适地融入正常世界，而不是成为捣乱者？

人们鼓励你去追求（无论是以明确的方式还是更加微妙而含蓄的方式）什么，是你独特才能的充分表达，还是充满各种技术和便利性的现代生活所能提供的安全和保障？

关于如何思考以追求成功和满足，你被教导了什么？

在这里我想稍微给你一点挑战：请你仔细看看，在过去的 30 年中，我的来访者和学生带来的一些信念，这是他们在学生时期、幼年游戏时期和正规训练时期通过社会化习得的。我将描述他们是如何鼓励这种思维方式，让心理银行账户的存款减少，而不是增多的。虽然这些信念中的任何一条单独来看都不会破坏你的信心，但它们的综合影响力在多年时间里不断加强，并且通常经由权威人物传播，这会妨碍你养成前几章中描述的有效思维习惯。拒绝接受这些信念，在你自己的思想范围内私下抵制这些社会化条款，将一次又一次地帮助你赢得"第一场胜利"。

限制信念 1：谨记失败和错误，这能激励你不断进步

这种信念会给你的心理银行账户带来持续的负面影响，让不恰当的记忆进入你的思维"流动总和"，有效地减少你的心理银行账户存款。你可能会因为对过去所犯错误的记忆产生愤怒而感到瞬间的能量激增，但这种能量激增是短暂的，还会留下你必须努力清理的"残渣"。你可以使用一种更清洁、更持久的"燃料"——努力、

成功、进步的记忆，以及你真正想要的未来愿景。

限制信念 2：做自己最严厉的批判者

有些时候，你必须直视自己，承认自己的错误和缺点，但有时你应该做的则恰恰相反。然而，可悲的是，人们一直存在一种误解：如果一定程度的严肃和自我批评对你有好处，那么越多一定越好。结果是，持续不断的自我批评成了你的"默认设置"，你相信持续这么做对自己有好处。然而实际上，你只是通过打击自己和取走心理银行存款而日渐平庸。面对现实吧，如果你在训练中总是批评自己，并且在不训练的时候思考所有需要提高的地方，那么当你在比赛中毫无自信的时候，你就不应该感到惊讶。把自我评判和自我批评留到适当的时候——当你无须表现的时候，当你可以冷静和理性地承认自己的弱点，而不谴责或贬低自己的时候。

限制信念 3：理性而认真地思考你所做的每件事

学校基本上是教你逻辑推理的地方。我们花在学习乘法表和语法规则上的时间给我们灌输了这样一种观念：任何东西都可以拆分成各个组件，然后按逻辑重新组装起来。也许音乐课和美术课给了我们发挥自主性和创造性的机会，但即使是这些活动，通常也有一套要遵守的规则和逻辑结构。然而，当谈到自信时，逻辑并不总是有用的。从逻辑上讲，过去的行为是预测未来行为的最佳指标，上次打败你的团队或对手会再次打败你，棘手的工作任务也会一直令人烦恼。如果严格的逻辑确实是一切的答案，而且一直被人们所遵循，那么莱特兄弟就不可能发明出飞机，罗杰·班尼斯特也不可能打破一英里跑 4 分钟的纪录。"合乎逻辑"会让我们远离创造力、快乐和新事物，而这些正是赋予我们生命最大意义的东西。

限制信念 4：不断寻求更多知识、信息和训练机会

不断寻求最新最好的技术诀窍和内幕消息，听起来确实是个提升自己的好方法，但这个方法也有一些不为人知的缺点。首先，相信存在某种"解决方案"，这种信念会鼓励你从外部去探寻，而不是向内检视自己思维习惯的本质。限制你的职业或表现的因素真的是缺乏知识（不知道要做什么或如何做）吗？还是对已经知道如何做的事情缺乏自信？也许让你的运动、爱好或职业再上一层台阶的最好方法是审视内在。其次，这种信念鼓励你更加专注于力学和技术指导，而正如本书中所讨论的，对这方面过多的关注会导致过虑和困惑。再进一步，这种信念会让你陷入毁灭性的完美主义，无论你知道多少知识，无论你多么努力地工作，你都觉得永远不够。事实是，当你表现的时候，脑子里的东西越少，大脑和神经系统就会运行得越高效。

限制信念 5：在变得自信之前你应该真的擅长这件事

这种信念对你要了一个卑鄙的把戏。它会阻止你感到自信，因为它总是把自信"踢"到你够不到的地方。它总是会让你问自己一些危险问题，比如"我擅长＿＿＿＿吗？""我做得够不够？""我还能做些什么来训练、提高、准备呢？"。这些问题为自我怀疑敞开了大门。它们阻止你相信现在的自己，你可能没有更多的时间和必要的培训资源，而你的自我怀疑却坚持认为你需要。除了你需要相信现在的自己之外，这种信念带来的永恒的质疑几乎可以确保你不可能感到真正自信。因为你总是有更多可以做的，所以自信永远在你触不可及的地方。需要意识到的一个重要事实是：你的心理状态和确信感是可以选择的，无论你所处的境况如何，无论你的准备程度如何。

限制信念 6：敬神——专家总是无所不知，胜者总是值得敬重

我不记得我是从哪里听说的，但我一直很喜欢这句话："如果你心目中有一个英雄，你能取得的最好成绩就是第二名。"我们在童年时代读过华盛顿、林肯和其他偶像人物的故事，然而如今社交媒体和大众媒体广告不断地用图像和信息"轰炸"我们，让我们渴望成为电影明星、亿万富翁或运动英雄。也许有些人会因受到启发而效仿这些榜样，但更多人最终会质疑自己，怀疑自己是否能达到

这样的标准。不幸的是，出版物、电视节目和如今的社交媒体上如神一般的英雄形象几乎都是虚构的，这些英雄形象被创造出来并不是为了讲述任何真人故事，而是通过广告营销来维持媒体流量。为什么要相信对手或竞争者在杂志或电视广告中展示的形象呢？仰望台上的偶像，会让我们将自己获得的纪录与成就和对手进行对比。结果呢？我们最终高估了竞争对手，低估了自己，其实我们并不需要这样做。

限制信念 7：最重要的是，你不应该把事情搞砸，又名：失误最少的球队才是胜者

我发现，没有什么比害怕在表现时犯错更能侵蚀和摧毁信心了。讽刺的是，社会化让我们太害怕犯错了，以致我们在表现时缩手缩脚，试图避免犯错，结果却做得更糟。当你害怕犯错时，你会变得谨慎而非果断，有所保留而非热切专注，过度分析而非自然和流畅。这种信念意味着，伟大的运动员和表现者几乎从不犯错，如果你相信这一点，你就会陷入另一个恶性心理陷阱：一旦你在表现中犯了一两个错，你就自动出局了，成功的机会就此终结。因为错误是不可避免的，人类就是不完美的，相信"失误最少的球队才是胜者"这一观念，会让你处于一种持续紧张和担忧的状态。

以上每一种削弱自信的社会化因素都是可以抵制的。只有在你选择相信它们时，这些限制信念才能发挥力量。你可以选择一些其他信念来追求成功和满足，这些信念可能与你成长过程中所接受的信念不同，但会帮助你培养一种确信感，这种确信感总是能带给你成功的最佳机会。你可以选择与众不同的思维方式，这么做，你就给了自己一个与众不同的表现机会。本着这种精神，接下来将介绍7个可以替换上述限制信念的选项，这些信念可以帮助你培养出像戴恩·桑德斯或丹尼·布里埃一般的自信。请将它们视为你的心理银行账户缴款限额的扩充，以及能让账户以最大速度增长的特殊利率。

第一场胜利替代信念 1：记住你想要的是什么，这会改变你的大脑和身体，让你得到它

对自己诚实一点。是什么创造了前进的渴望和动力，是在脑海中不断重放微小失误，感受它带来的刺痛，还是回放最成功的时刻？西点军校摔跤队的一名学员是这么回答的："当我想起失败场景时，我感到无比疲乏，但当我想起胜利场景时，我会感到轻松又充满能量。这很有趣，因为我知道不管是赢还是输，从生理上来说同样筋疲力尽，但那些记忆的感觉完全不同。"这一说法得到了最新科学研究的支持。大量研究表明，"回忆具有积极内容的自传式记忆"，或者简单来说，"回忆美好时光"可以减少产生压力感的大脑回路的活动（下丘脑－垂体－肾上腺轴）。还有研究表明，积极的回忆可以让你不那么容易抑郁。不论压力还是抑郁都无法帮助你

学习新技能、提高现有技能，或在压力下展示技能。另一方面，快乐和兴奋——压力和抑郁的对立面，已被证明有助于学习和表现。正如那首摇滚老歌所唱："让这美好时光流转！"把你更想得到的东西的影像深深嵌入脑海，养成这种习惯。

第一场胜利替代信念 2：做自己最好（最忠实）的朋友

你总是会支持你最好的朋友，对吧？你接受他的不完美和弱点，自始至终爱着他。无论发生什么，你都鼓励和支持他。即使他真的搞砸了，你也会站在他这边。在情况非常糟糕的时候，你可能会把你最好的朋友拉到一边，说一些类似这样的话："听着，我知道你不是故意的，但你真的把事情搞砸了，你得去解决。这可能很难，但我知道你能做到。有什么我能帮忙的尽管说。"通常在这样的谈话之后，你最好的朋友会长叹一声，然后开始工作，因为他知道你是他强有力的支撑。他真的很高兴有你这样的朋友。

但你也会这样对待自己吗？你会给自己同样程度的支持吗？心理学上称之为"无条件积极关注"。我发现很少有人会这么做；他们对最好的朋友很有同情心，尤其是当这些朋友遭受痛苦的时候，但他们在自己痛苦和遇到困难的时候却很少有同情心。为什么？因为他们接受了这样一个谎言：接纳自己的不完美、同情自己会让他们变得自满、懒惰，从而导致糟糕的表现。

如果你已经相信了这个谎言，你可以向海伦·马洛利斯学习。

她在2016年里约热内卢奥运会上打败了日本的吉田沙保里，成为第一位赢得奥运摔跤金牌的美国女性，是历史上最成功的女摔跤手（她在之前的16年里从未在国际比赛中输过！）。在距离2016年奥运会预选赛还有4周的时间时，为了达到53千克的体重，马洛利斯还需要减掉6.8千克，这让美国训练队很担心。在坚持刻苦训练和节食的同时，马洛利斯找到了成为自己最好的朋友的方法。在这关键的几周里，她通过与男友共度时光、去海滩旅行、举办青少年摔跤培训班来减轻自己的压力。正如她在历史频道的纪录片中解释的那样，"你必须后退一步，保持放松和平衡。拓宽视野总是很重要的……不管我是否能得到（参与奥运会的名额），它都不会影响我的自我认知。"在2016年的奥运会预选赛中，马洛利斯最终原谅了自己没能参与2012年奥运会，成为自己最好的朋友。"这是我在上场比赛之前需要解决的最后一个问题。"接着她参与了比赛，以64∶2的总比分击败了5个对手，为在奥运会上取得成功奠定了基础。2018年，我在一群西点军校运动员及其教练面前采访了海伦，她进一步强调了"做自己最好的朋友"，并像对待朋友一样接受自己的弱点的重要性。

"就在奥运会开幕的前5天，我重新看了看我的日记，我意识到，哇，我在追求完美，而我永远也达不到。追求完美并不是一件坏事，但糟糕的是我的态度，这意味着我从来没有对自己所拥有的东西感到满意。我问自己，我要如何做到完美？从完美中我真正想要的是什么？我想要从完美中获得的就是卓越。不追求完美，我还能达到卓越吗？可以的。我所需要做的就是比我的对手得分高，足以赢得那场比赛。我总是这么说——我取得了胜利，带着我所有的优势，也带着我所有的弱点。我想有时候我们可能忽略了这一点。当我们有弱点时，我们就赢不了，或者无法取得成就。但你总是会取得成功的，尽管拥有弱点。"

接纳、宽恕、慈悲，这些支持你最好的朋友追求卓越的宝贵方法，也适用于你自己。请使用它们。

第一场胜利替代信念 3：使用逻辑和创造性幻想来构建你自己的现实

正如有时间和空间用于自我批评，和周密的逻辑分析一样，你也有时间和空间用于自我关怀，并且你肯定有时间和空间去抛下全部现实和逻辑，相信你所拥有的一切技能和能力。我敦促来访者把他们周密的逻辑思维限制在那些涉及单一技能的练习上，比如篮球中简单的传球和接球练习。在其他训练中，当同时进行涉及许多技能的复杂练习时，我敦促他们停止周密的分析，"看和做……感受和反应"。为什么？因为意识分析的心理过程会干扰熟练动作（运动、表演艺术、手术）的顺利执行，以及记忆信息的自动提取（测试、回答观众的问题、辩论）。人类大脑的意识分析能力确实是美妙而宝贵的，但同样美妙、同样宝贵的是大脑的无意识能力。

　　可悲的是，大多数人只培养了他们的逻辑思维能力，而错失了一些可能性——如果他们允许自己更有趣一点，更有创造力一点，更不"现实"一点。大多数人绝不会尝试任何事物，除非逻辑分析告诉他们有至少50%的机会成功。西点军校1987届毕业生唐娜·麦卡利尔就不属于这"大多数人"。她辞去公司的工作，为了加入奥林匹克雪车队，她花了两年时间全职训练，尽管她从来都不是一名强大的运动员。她曾两次以民主党党员的身份在犹他州竞选美国国会议员，而就当选公职的女性人数来说，犹他州在美国各州中排名第43位。她知道这两个目标都不"现实"，但她以坚定的信念和精力去追求它们，坚信只要她既刻苦又明智地付出努力，她最终就会取得成功。怀疑论者会说，既然她没有入选奥运代表队，也没有赢得国会议员的选举，她只是在浪费时间，但唐娜·麦卡利尔不这么认为。在她看来，做一名天主教徒，以及来自摩门教徒占绝对多数的犹他州的民主党国会女议员非常有意义，而且正是世界所需要的。这正是她选择构建并相信的"现实"。另一种现实，即现任共和党男性候选人稳获连任的"逻辑"现实，只是消极懈怠的借口。在她2010年的著作《瓷钢：西点军魂中的女性》（*Porcelain on Steel: Women of West Point's Long Gray Line*）中，唐娜·麦卡利尔描述了14名从西点军校毕业的女性，她们后来都拥有辉煌的职业生涯（军队将领、奥运代表团成员、商业领袖等）。她们每个人都拒绝接受现状，为自己开创了自己选择的生活。她们的故事（还有唐娜·麦卡利尔自己的故事）让我想起了 21 岁的泰格·伍兹在赢得他的第一个高尔夫名人赛冠军（史上最年轻的冠军）后对奥普拉·温弗里说的话："我一直相信，你永远不应该给自己设限。如果你这么做，你就会囿于其中。发挥你的创造力吧。超越期望，不仅仅是你对自己的期望，还有身为人类的期望。超越这些，发挥创造力。这就是我所做的，也是我出众的原因之一，因为我的内心没有界限。"

21 岁赢得美国名人赛冠军、写了一本开创性著作、撑过紧张的国会竞选，这些伟大的成就都始于某人拒绝接受"界限"以及"我至少有 50% 的成功概率吗？"这种限制逻辑。在做小的日常决定时基于现实主义和逻辑，但在考虑长期目标时，请使用一些创造性幻想，不管它多么"不切实际"。

第一场胜利替代信念 4：关键是持续应用足够的知识

当涉及个人和团队改进时，"积少成多，滴水穿石"似乎是常用的经营理念。这当然不是一个坏主意，但如前所述，这一理念也有不足之处。我在研究生时期的一段特殊经历让我对另一种信念印象深刻——"在几个关键领域学习足够的知识，掌握足够的技能，然后持续应用这些技能。"那时，我在美国弗吉尼亚大学帮教授做关于美国职业高尔夫巡回赛成功的决定因素的研究。我的工作是手动将美国职业高尔夫巡回赛的数据——每个球员整个赛季的数据——输入大学的主计算机中（那是 20 世纪 80 年代末，技术远没有今天这么发达）。然后，我们让计算机分析数据，并确定哪一项（平均发球距离、到达果岭的击球次数等）是预测收入的最佳指标：哪个高尔夫数据对球员的奖金收入影响最大？计算机得出的结论是，在所有可用的数据中，区分收入最高和最低的因素只是选手每轮的推杆次数。高收入者每轮的推杆次数要少一到两次。他们只是在这一件事上比其他人做得更好。在巡回赛中，每个球员击球技术都很好，每个球员都把球打上了果岭，但只有少数几个击球表现始终优异的球员获得了丰厚的回报。

这是很有价值的一课。如果你能始终如一地攻克一两个关键点，这会给你的工作带来哪些不同？它们是否是你每天的关注焦点，到了你可以无条件信任它们的程度？或者你是否在不断地寻找新知识来扩展你的"工具箱"？在吉姆·柯林斯的《从优秀到卓越》一书中，他将这些值得信赖的核心能力称为"刺猬"，书中引用了一个古老的寓言故事：狡猾而灵敏的狐狸一招接一招地尝试困住缓慢而笨重的刺猬，但每次都被刺猬唯一的防御手段——蜷曲身体，竖起棘刺——挫败。刺猬总是可以信任自己的棘刺，就像美国职业高尔夫协会最好的高尔夫球手可以信任自己的推杆技术一样。你能信任什么？

特种部队上尉汤姆·亨德里克斯在 2014 年最后一次被派往伊拉克时，决定相信自己对战场动态的理解，在那里他为伊拉克的特种部队士兵提供咨询和训练。在他指挥伊拉克士兵对"伊斯兰国"恐怖组织控制的一座炼油厂发动突袭的 3 小时里，他用来和地面上士兵联络的无线电失灵了。"他们自己的指挥官死了，整个部队都被敌军的猛烈火力压制住了，我的直接通信线路也断了。"亨德里克斯回忆道。然而，他仍在战斗——通过观看空中一架无人机传回的视频，并立即将无人机的航拍图像转换为需要"锁定目标"的精确位置，他继续呼叫空袭，挽救了剩余的伊拉克士兵，并确保了炼油厂的安全。"我听不到他们说话，他们也听不到我说话，但我可以想象战场上的情况，我知道作战计划，所以我必须对此有信心。"之后，一位幸存的伊拉克士兵的父亲感激地拥抱了汤姆·亨德里克斯，他喊道："我唯一在世的儿子活了下来，多亏了你！"这位父亲在与"伊斯兰国"恐怖组织的战争中失去了两个儿子。"但我并没有做什么英勇的事，"亨德里克斯说，"我只是运用了我的技能，并对其充满信心。如果你自己都不相信自己，别人凭什么相信你？在某些时刻，你所拥有的就已经足够了。"

找到你的核心能力，找到你的"刺猬"，并持续应用它。也许你不会在伊拉克的战火中拯救生命，也不会在美国职业高尔夫巡回赛中赢得巨额奖金，但无论你做什么，你都有机会获得成功。

第一场胜利替代信念 5：信念引发行为，自信第一位

能力和自信哪个是第一位的？关于这一话题的讨论持续了很多

年——几十年，甚至几个世纪（孙子关于第一场胜利的概念可以追溯到公元前 5 世纪，因此那时人们就探讨过这个问题）。我的立场是，最初的自信火花（第一场胜利）应为第一位。我持这一观点有两个理由。

首先，没有最初的自信火花，就不会有足够的精力、动力、动机和意识来培养任何能力。在这里谈的不一定是像戴恩·桑德斯那种水平的信心，只是可能性的迹象，足以让你去做一些尝试的确信感。正如前文所述，你可能记得，曾几何时你还不会骑自行车，但不知何故你认为你也能学会。内心有一个声音告诉你，你也将拥有这种令人向往的能力，尽管经历了多次摔倒和擦伤（这说明你的能力尚且不足），但你对于掌握这一技能始终拥有足够的自信，这激励着你再次尝试直至成功。拥有了自信，你需要做的就是一点点进步，每次多骑一点点距离，这种有效的思维方式最终会让你成功。

其次，我曾目睹相当有能力的人，具备所有必要技能，却因为他们拒绝让自己变得自信而陷入碌碌无为和平庸。这些人很擅长用有趣的说法来麻痹自己——不论他们的能力有多强，其能力总是达不到要求。他们说服自己相信，作为高中冠军的经历不足以在大学中成为自信的佐证；让他们赢得当前职位的专业履历不足以让他们对下一次晋升充满自信。他们几乎大错特错。事实是，你永远不知道自己有多大的能力，直到你满怀信心地行动。赢得第一场胜利，其他一切才有发生的可能。

第一场胜利替代信念 6：了解自己，相信自己，每一个对手都是可以被打败的人类！

是时候抵制关于竞争对手的炒作、宣传、谣言和八卦了。这个媒体泛滥的世界提供了太多无用信息，如果不加以适当地抵制，你可能会不加批判地接受一些书面和广播宣传。尊重、调查对手，甚至向竞争对手学习是一回事。这很有道理，但在这么做的同时，维持一定的"第一场胜利"视角至关重要。教练和经理在向他们的团队展示本周对手的侦察报告或识别市场上的竞争对手时，有时会不自觉地忽略这一点。他们强调对手的数据、优势和成就，却没有花同样的时间来描述对手的弱点和缺陷。我的建议是，以一种新方式来看待任何你可能面对的竞争对手，不论关于他们的炒作有多么天花乱坠。发挥你的想象力，想象一下那个人早上 6 点拖沓地走进浴室的样子，他的眼睛仍然半闭着，头发凌乱，一边打哈欠一边嘟嘟囔囔。他摸索着找牙刷或笨拙地洗脸时是什么样子的？当他以这副模样出现时，还那么引人瞩目吗？想想看，任何人在早上起床后洗漱时是什么样子的，你就会看到他们最人性、最脆弱、最容易被打败的状态。这个简单的现实检验说明了一个关键问题：即使最被大肆鼓吹的明星，也和你一样同为人类，他们也有恐惧、怀疑和不完美。

曾三次获得奥运会马拉松预选赛资格的优秀长跑运动员凯

莉·卡尔威，花了一段时间才学会这一点。她并不是北卡罗来纳州立大学田径队招募的顶尖选手，而她对这些"精英选手"太过敬畏了。直到她赢得了杜克邀请赛一英里跑，在毕业那年打败了她们，她才意识到她给自己造成了多大的阻碍。在2012年奥运会马拉松预选赛的训练中，她与我一起努力改变她的态度，那时她知道了，顶尖的女跑者和她并没有什么不同。她们心怀希望和梦想，就像她一样；她们喜欢竞赛和获胜，就像她一样；她们有恐惧、怀疑和受伤的经历，就像她一样。用卡尔威自己的话说，这项工作"改变了她的生活"。她在赛前列队时脑子里没有想着，我是什么人，竟敢站在全国冠军旁边？而是学会了把注意力集中在她的比赛计划上，并在整场比赛中保持稳定的激励型自我对话。卡尔威现在是一名在军事情报部门工作的美国陆军少校，也担任全陆军马拉松队的教练，同时育有两个女儿。当她参加比赛的时候，她就像尊重任何竞争对手一样尊重自己。

所以，忘掉那些创建排名和炒作的"专家"吧。相信这些形象和故事对你的自信没有任何帮助。每个对手都是人类，是可以打败的。每一种情况都是可以理解的，也是有胜机的。

第一场胜利替代信念7：最重要的是，为胜利而战

2012年2月5日，在离第46届超级碗比赛还剩3分46秒时，纽约巨人队的四分卫伊莱·曼宁在自己的10米线上从中锋处抢下

一球。备受青睐的新英格兰爱国者队以 17∶15 领先巨人队，如果巨人队在这次进攻中没有得分，这很可能就是最终的结果。曼宁先看了看球场右侧，立刻意识到他的接球手被紧紧包围着。他回头看了看左边，然后走上前，从 40 米距离外的空中抛出一个高弧线传球，球完美地落在接球手马里奥·曼宁厄姆手中。两名爱国者队的防守队员正站在曼宁厄姆上方，但球抛得非常精准，要么曼宁厄姆接到球，要么球不完全落在界外。这次传球被公认为是"比赛的关键点"，为巨人队赢得了达阵得分，并为伊莱·曼宁赢得了他的第二个超级碗最有价值球员奖。

两天后，即 2 月 7 日，曼宁在美国娱乐与体育电视台主持人迈克尔·凯的全国联合广播节目中回答了以下问题："你有没有考虑过在这种时刻失败的后果？"他指的是曼宁当时投出那一球的决定。曼宁的回答简单明了："这正是你不能做的。"暂停一秒后，曼宁继续说："你回想起自己在所有关键时刻取得的胜利。你回想起之前对阵爱国者队的比赛，你在第四节的突破让球队赢得胜利；你回想起对阵达拉斯牛仔队的比赛，你在第四节的突破让球队赢得胜利；还有迈阿密、布法罗的比赛。你回想起所有的成功。忘掉那些没有实现突破的比赛，忘掉那些你错失机会的比赛。你必须忘记那些时刻，只回忆那些积极的时刻。就是这种感觉。"

这是一位赢得第一场胜利的表现者的声明。曼宁的理念不是"犯错最少的团队（或选手）获胜，所以我最好别出错"，而是"尽管会犯错但表现出色的团队（或选手）获胜"。前一种信念会让你担心自己已经犯的和可能犯的错误。这种担心会导致肌肉紧张，进而削弱你的表现，就像下水道循环一样。而后一种信念会让你想，现在好好打球，以你训练和练习过的方式打球，在此时发挥出你所有的能力。这些想法引发了伊莱·曼宁的"感觉"，这种感觉转而会让身体产生兴奋感，但又不过度紧张，这样才有最大机会发挥出色表现。

　　"最重要的是为胜利而战"这一信念，以及前文探讨的6个信念，确实不同于你在社会化的过程中学到的。但让我们记住，社会化的目的是鼓励从众和维护现行社会秩序——它的目的不是帮助你充分发挥天赋和能力。如果你对于用与众不同的方式思考还犹豫不决，这正是社会化所支持的，那么你很可能依旧平庸。你会成为"正常人"中的一员，但这真的是你想要的吗？当我的来访者承认，接受这些新信念时感到有点不舒服，追求像伊莱·曼宁那样的自信似乎有点奇怪的时候，我总是提醒他们，特别和绝妙还是古怪和奇特，两者的区别完全取决于他们自身的想法，这是他们每时每刻为自己做的选择。你现在选择的是什么？是随波逐流，还是以能让自己变得更特别、更绝妙的方式来思考？你的第一场胜利就取决于这个选择。

第 7 章

自信入场

打开金库，备好资金

明天，乔希·霍尔登中尉将有机会实现他追寻已久的梦想，他将参加职业棒球队的选拔。他将对战顶尖的大学球员，在为数不多的宝贵席位中争取一个。

1小时后，神经外科医生马克·麦克劳克林将走进手术室，对患者的三叉神经进行微血管减压。在患者的耳后颅骨上开一个比硬币稍大一点的洞，将压迫三叉神经、造成患者面部疼痛的微小血管抬高，然后在血管和神经之间放上一块米粒大小的特氟龙。

1小时后，中尉罗布·斯沃特伍德将带领他的侦察兵排到伊拉克费卢杰的街道上，收集有关叛乱组织的位置和力量的情报。他的3支6人小队和6支3人小队将与迫击炮、简易爆炸装置，以及发誓"让你生活在地狱里"的当地民众斗争。而且他必须在黑暗的掩护下行动——白天只会让他的人更容易成为目标。

　　15 分钟后，马术教练兼花样骑术选手克里斯汀·阿德勒必须在她的大家庭，以及她父母最亲密的朋友面前，完成对她来说有史以来最困难的任务——在她刚过世的父亲的葬礼上致悼词。

　　我的每一位前学员都将进入"竞技场"。对于外科医生麦克劳克林来说，这是他每周一和周四的例行工作，他知道他要做的事将对病人产生重大影响。对于步兵排长斯沃特伍德，以及每一位战场上的军事将领和第一响应人来说，这是一个他每天都必须登上的"竞技场"，他知道他要为其他人的生命负责。对棒球运动员霍尔登和马术运动员阿德勒来说，这是他们一生中只会进入一次的"竞技场"，尽管原因截然不同。他们两人之前都曾数百次踏进棒球场和花样骑术竞技场，但这次的风险更高，更加令人紧张。对于无数职员来说，他们每天都要踏入职场这个"竞技场"，完成他们的专业工作。

　　尽管这些竞技场各不相同，尽管将这些人带入竞技场的动机和环境各不相同，但这些表现者在进入竞技场时都打开了他们的私人心理银行账户。每个人都会经历从正常心理状态到导言中描述的自信的个人现实的转变，自信的个人现实即人们对自身能力的一定程度的确信感，可使他们绕过或减少任何有抑制作用的意识想法，或多或少地在无意识中执行技能。赢得这第一场胜利，能让棒球运动员霍尔登准确地感知每一个投球并对其做出反应，让外科医生麦克劳克林在精细地操纵微小的神经细胞簇时消除手指的紧张感，让排长斯沃特伍德在火力攻击下保持冷静。

这一进入自信状态的转变并不会自动发生。这一转变需要一定的前提条件，要经过一个刻意的过程，用运动心理学的术语来说就是"赛前惯例"。一个固定的流程可以帮助你摆脱心理混乱和潜在干扰，在竞技场上专注于当下，准备好执行通向成功的行动。每一位表现者的赛前惯例各不相同，但有效的赛前惯例都包括三个关键步骤：（1）进行自我盘点或评估；（2）分析即将面对的表现情境——需要做什么，存在哪些竞争因素，将在哪里进行；（3）坚信你拥有足够的技能、知识、经验等，在此时此地能取得成功。本章涵盖所有这些步骤，帮助你在上场前的最后时刻打开心理银行账户，进入自信状态，带着专注、热情、决心甚至快乐去展现自己（除了战斗！）。当你读完这一章时，你就拥有了"心理准备"的工具，从为比赛、会议或手术做准备过渡到投入其中；从获取技能、知识和能力的过程过渡到展现技能、知识和能力的过程。成功进行这一转变，就是之前每一章的铺垫所导向的第一场胜利。

首先要进行一个重要说明。

我们经常会听到教练谈论运动员"做好心理准备"是多么重要。我们也经常听到运动员在奥运会、高尔夫或网球大赛前夕提到他们已经完成了"身体准备"，"心理准备"是他们现在的首要任务。每当我听到这种话时，我总会回想起几年前在我辅导初中和高中运动员时参加的摔跤培训班。特邀培训师是博比·韦弗，他是1984

年奥运会自由式摔跤 48 公斤级金牌得主。在带领这群高中摔跤手
进行了一系列技术和健身训练后，韦弗和他们一起坐下来，回答他
们的问题。"你如何为比赛做心理准备？"一个年轻人问道，他无
疑希望这位奥运冠军能够描述一套让他兴奋地走上摔跤垫的例行行
为。然而，韦弗的回答却简单得多，但切中要害。他说，做好比赛
心理准备的秘诀是定期、实诚地练习。在比赛前没有什么特别的事
情可以让你"兴奋起来"，因为你在扎实的日常练习中就已做好所
有准备工作了。我认为这一点同样适用于第一场胜利。通过长期的
有效思维习惯的日常练习，你便能赢得第一场胜利，而不是在踏入
竞技场之前完成某种神奇的仪式。记者丹·麦金在他的书《振奋精
神》（*Psyched Up*）中调查了惯例、仪式和迷信，书中最后一段写
道："没有什么能替代专注、大量的练习。精神上振作起来是给实
际演练锦上添花的东西，目的是给你一个小小的促进和增量优势。"
他总结道："在我们这个以表现为导向的文化中，这些小小的提升
可以带来很大的不同。"为了确保你得到这个最后的"提升"，并在
你准备进入竞技场时将有效思维习惯发挥到极致，接下来将介绍三
个步骤，你可以按照这些步骤建立你自己的赛前惯例。

第一步　自我评估——你的钱包里有什么？

经典著作《孙子兵法》的作者孙子说过："知己知彼，百战不

殆。"知己"在此处的意思就是对你目前的能力和取得的进步列一个心理清单，包括长期和短期的，即检查一下心理银行账户的当前余额。信心，正如本书从一开始就强调的，是你对自己、所处情境以及在其中发生的一切的所有想法的总和。在你即将要踏入竞技场的现在，这个总和是多少？你每天记录努力、成功和进步的日志或笔记此时就非常有用，因为它们为你有多努力、你从训练中得到了什么，以及你已经取得了多大的进展提供了具体的提醒。这同样适用于你写的任何肯定陈述，现在是时候再读一遍这些句子，对自己复述这些句子所代表的故事了。

关于在重要比赛前进行建设性自我评估，美国长跑运动员比利·米尔斯就是一个极好的例子，他在 1964 年东京奥运会上震惊世界，成为第一位在 10 000 米赛跑比赛中获得金牌的美国人。米尔斯曾三次获得美国全国大学体育协会全美越野比赛冠军，但当他抵达东京参加 1964 年奥运会时，他在国际跑步圈中还鲜为人知。自从获得金牌后，他在许多采访和演讲中解释说，回顾日志和训练笔记中的条目让他确信，他有能力做一些别人从不指望他做的事。"我翻到 9 月 5 日的日志，那时距离奥运会还有 6 周，我再一次写下——'我状态很好……我将获得很好的结果……我已经准备好在东京 10 000 米赛跑中跑出 28 分 25 秒的成绩了……'"一年多来，米尔斯一直在为这一场比赛创建心理银行账户。在奥运会前两天，他回顾了一整年的努力，评估了他在这段时间内所做的一切以及他所肯定的一切。他的结论是："我完全相信我能赢。"

在 2020 年应用运动心理学协会会议的主题演讲中，另一位美国长跑冠军卡拉·古彻对她的奥运会预选赛和奥运会比赛的最后准备提出了同样的观点——回顾她在整个训练过程中坚持记录的"自信日志"，看看她收集的所有建设性记忆和祷文。

网球名人堂成员、冠军安德烈·阿加西在他的自传《开启》（*Open*）中提供了另一个例子。米尔斯和古彻以日志的形式来检查他们的心理银行账户，而阿加西则是通过在 20 分钟的赛前淋浴中回忆过去比赛的胜利来打开账户。"这时我开始对自己说一些疯言疯语，一遍又一遍地说，直到我相信它们。比如，一个准残疾人可以参加美国公开赛（阿加西在坐骨神经严重疼痛的情况下参加了 2006 年美国公开赛）；一个 36 岁的男人能击败刚刚进入巅峰期的对手……水在我耳边轰鸣——听起来就像两万名粉丝的尖叫——我回忆起一些特别的胜利。不是球迷们会记得的胜利，而是让我夜不能寐的胜利：巴黎的斯奎拉里、纽约的布莱克、澳大利亚的皮特。"

乔希·霍尔登在参加棒球选拔赛前的自我评估包括：重温他在西点军校获得爱国者联盟击球冠军时打出的二垒安打、三垒安打和本垒打。马克·麦克劳克林回忆了自己完成的几百次成功的微血管减压手术。罗布·斯沃特伍德回忆起美军在阿富汗驻扎的早期，他第一次被派往阿富汗带领巡逻队时，他手下的每一个士兵都毫发无损地活着回来了。他们打开自己的心理银行账户进行检查时，发现了这些记忆。当你需要上场时，仔细检查你的账户，看看里面有什么。如果你一直认真地遵循本书之前章节的指导，你对"你的钱包里有什么？"这个问题的回答就是："多着呢！"

第二步　形势评估——什么事，什么人，在哪里

正如本书一开始就强调的，你在任何"竞技场"上的确信程度将决定你能多充分地展示自己的能力，而这种确信程度取决于你如何看待自己（因此第一个步骤很重要），如何看待你的表现。孙子的名言中除了"知己"之外，还有"知彼"，此处可以用"形势"这个词或"知道你将面对的是什么"来指代"彼"，即便如此，我们依旧能理解这位中国军事谋略家的意思，即承认不是每个人都被困在殊死战斗中。当你完成自我评估后，赛前惯例的第二个部分就是评估形势——要完成的任务是什么，必须考虑的对手或因素是什么，以及表现将在什么背景或环境中进行？

什么事——任务

表面上看，这似乎显而易见——赢得一场比赛，做成一笔生意，进行一台手术，在一项测试中取得好成绩。但如果你稍加思考，就会发现要想赢得比赛或谈成生意，还有另一项任务摆在你面前——在此期间每分每秒都关注重要的事，而不是去想结果可能有

多重要。如果足球运动员不停地回头看她的表现是否取悦了教练，或者后悔之前错过的机会，或者担心时间不够用，她就无法关注球场的状况，也无法本能地做出反应。如果销售员一门心思在想这次谈判可能会如何影响他的年度任务和奖金，那么他就无法倾听客户的意见，也不能运用他的销售策略。毫无疑问，人们进行任何表现都是为了达成某个结果——及格分数、起立鼓掌、记分牌上的获胜分数，但是对任何表现者来说，真正的任务是时刻专注于表现的过程。结果当然很重要，其重要性会在你头脑中占据一定空间，但要达成这个结果，你最好不要提醒自己它有多重要，而是将所有感官和思想都聚焦在眼前发生的事情上。

对于乔希·霍尔登和棒球选拔赛来说，真正的任务是把他的注意力放在投手身上。通过这个过程，他将实现他想要的结果，成为球队的一员。对于手术室里的马克·麦克劳克林来说，真正的任务是耐心地完成手术过程中的每一步，在操作显微镜、切割工具和抗凝剂时，不要因为他所知道的潜在并发症而紧张。通过这个过程，他将达到他想要的结果，使病人摆脱疼痛或恢复活动能力。罗布·斯沃特伍德开始了又一次危险的巡逻，他真正的任务是密切关注所有小队发来的报告，并清晰而冷静地做出反应。通过这个过程，他将达到他想要的结果，收集当晚的情报，并把所有士兵安全带回营地。在执行任务的过程中确认任务——导向你渴望的结果的过程——是赛前惯例的一个步骤。这是否就是孙子所说的"知彼"，

留给学者去思考吧，但他所指的"彼"，也很可能是指人类过于关
注理想结果的倾向，这种倾向使你在任何"战斗"中都不能全神贯
注于那些真实瞬间。

什么人——对立因素

侦察即将面对的对手，或者研究潜在客户的需求和经历，是准
备工作的标准组成部分，也是对"知彼"最明显的诠释。但就像
"任务"有两层含义——期望的结果和实现结果的必要过程——一
样，"对手"也有显性和隐性的两个维度。从表面上看，运动员为
了赢得比赛、获得冠军而相互竞争，企业为了赢得客户和市场份额
而相互竞争，音乐家和演员为了管弦乐队的职位、唱片合同以及舞
台或银幕上的角色而相互竞争。在这种明显的"对手"背后，还存
在着其他无形无质，但同样强大的对手——比赛的情境，选拔赛、
谈判或手术中的时刻，它们诱使我们抛弃本应拥有的确信感，使我
们陷入不安全的状态中。有效的赛前惯例应该包含：简单但诚实地
检查一下，一旦你进入"竞技场"，什么会让你在比赛中分心，然
后做第 4 章提到的"爆胎"练习，提醒你在需要的时候如何重新
上路。

对于准备为父亲致悼词的克里斯汀·阿德勒来说，隐藏在表
面之下的"对手"是她演讲中的一个段落，她说起那个故事时
总是哽咽不已。她知道很可能会发生这种状况，当她感觉到要哽

咽时，她准备停下来调整呼吸，微笑。对于准备与数十名顶尖大学新秀竞争的乔希·霍尔登来说，隐性对手是他给自己施加的压力，他认为这次选拔赛是一生只有一次、生死攸关的局面。他意识到了这个潜在的"爆胎事件"，并练习了很多次，他能熟练地告诉自己"这是我做我所爱的事情的机会"，这样他就会保持放松的状态。这两个表现者都明白，他们的情绪可能会影响成功，因此他们在踏入"竞技场"之前做好了相应的准备。在你下一次需要表现时，什么样的状况可能会引发恐惧、愤怒或信心不足的无益情绪？将这些"对手"揪出来，它们就无法在不知不觉中攻击你。

同样，我不知道这是不是孙子所说的"知彼"，但我知道你所面对的最强大的对手不是对方球队，也不是谈判桌另一边的人。你需要用最认真的准备来对抗的对手，是那些会让你从轻松、专注变得紧张、犹豫的事件。了解这个敌人并做好准备！

在哪里——竞技场

也许这是个传说，但我听说篮球传奇人物拉里·伯德有一个赛前习惯，就是在任何可能举行比赛的场地上来回运球——不是只打几次，而是长时间又仔细地覆盖球场的每一寸地板，这样他就能知道地板上的"盲区"都在哪里。作为一名强劲的竞争对手，伯德想要"拥有"他打球的每一个球场。当他带球上篮或急停跳篮时，他绝对不希望踩到一块软地板从而打乱他的投篮时机。每一个有竞争力的高尔夫球手总是会在将举行比赛的球场上练习，不是为了完善挥杆技巧，而是为了尽可能地适应那个球场的独特特点。冰球名人堂球员保罗·卡里亚也做过类似的练习，赛前几小时，他会坐在球队的运动员休息区，精准地想象他如何滑冰和得分。当被问及为什么要这么做时，卡里亚回答说："我喜欢想象我将滑向的目标。"这种精确的心理准备水平使他的大学教练肖恩·沃尔什评论说："这家伙的心理水平更高。"

我建议你在进入体育场、教室、手术室或法庭之前，让自己"适应"它们。这样做可以尽可能减少新环境中存在的意外和不熟悉的元素，让你感到更舒服一点。我敦促我的所有运动员来访者，对他们将要在其中比赛的每个新体育场或竞技场进行全面的"个人适应"，这样在新环境中就会像在自己的主场一样舒适。参考准则如下：

走上看台。走到最高的座位并坐下，在那里你可以鸟瞰整个球场、游泳池或冰场。花点时间来熟悉这个你将在其中比赛的地方。在这个新竞技场上，确定你的席位或座位在哪里，你将从哪里入场，将在哪里热身，记分牌和回放屏幕在哪里。从外部视角，花一分钟想象一下你开始和结束表现的时刻，以及其他一些关键时刻。当观众在观看即将开始的比赛时，他们会看到你做什么？现在想象一下，竞技场上挤满了兴奋、热情的观众，他们来观看你的对手的比赛，并希望他们获胜。你如何处理这些嘈杂的声音和氛围？现在走回地面，来到你的座位或你们队的区域。再次看向球场或泳池，想象你的表现，听到人群的欢呼，感受比赛的氛围。让这个竞技场成为你的"专属区域"——你将在这里做你受过专业训练的事，做你喜欢做的事（希望如此），并产生巨大的影响力。

如果我在比利·米尔斯参加奥运会 10 000 米赛跑的前几天给他提建议，我们俩现在就会坐在东京体育场高高的看台上，想象着比赛中 25 圈的每一圈，注意他将在赛道的哪一部分加速跑、稳速跑，以及冲刺终点。

对于舞蹈家、音乐家、戏剧演员、外科医生、辩护律师和专业演说家来说，"个人适应"训练是一样的：以广角视角鸟瞰你的"竞技场"——舞台、手术室或法庭，栩栩如生地想象你在场上展现出你所渴望的模样。

我在为弗吉尼亚大学的论文答辩做准备时，"个人适应"训练也是准备工作的一部分，这是截至那时我的职业生涯中最重要的"表演"。在历史悠久的圆形大厅的北椭圆形厅进行论文答辩，这是弗吉尼亚大学博士生的传统。圆形大厅是该大学最初的建筑之一，由托马斯·杰斐逊本人设计和监督建造，并被联合国教科文组织认定为世界文化遗产。学生需要提前几周预订房间，在指定的时间到达，准备好自己的演讲，希望在教授到来时做出最好的表现。不幸的是，在此之前学生从来没有进过那个房间，这意味着他们在研究生院的巅峰时刻到来之前，他们需要搞清楚在哪里插上幻灯机的电源、答辩委员会成员坐在哪里，以及演讲时他们要站在哪里。他们不断地询问自己，而且不得不在最后一分钟回答一大堆问题，而不是带着确信感踏入竞技场。因为我希望能怀着充分的确信感进行论文答辩，不想在最后时刻处理"后勤"突发状况，我在答辩时间之前早早地在北椭圆形厅安排了一次演练。在对房间进行"侦察"时，我发现了有关座位、间距和视角的一些细节，如果没有这次"侦察"我可能永远都注意不到这些细节。就像第四章中提到的加拿大跳水运动员西尔维·伯尼尔一样，她知道在奥运会最后一轮比赛中记分牌和裁判会在哪里，我现在能"准确地看到"答辩委员会每位成员所坐的位置、幻灯片放映的地方，以及当回答教授的提问时我该坐在哪里。与伯尼尔在奥运会泳池中"看到完美跳水"的经历类似，我在北椭圆形厅"看到"我的演讲完全按照理想的方式进行，并且准备好回答我知道会出现的尖锐问题。数天后，当我在答辩委员会面前发表演讲时，那个房间就是"我的"了。

　　你的下一场"演出"将在哪里进行？你能舒适地适应那个"竞技场"吗？也许由于时间或地点的限制，你无法亲自探查或提前适应以达到那种舒适的感觉。但你很可能可以找到那个竞技场的照片，或者找到一个去过那里的同事，他可以给你提供一些细节。如果做不到这一点，你的想象力就可以发挥作用——想象自己在新环境中舒适地做你熟悉的事。只要你肯花时间，任何运动场、舞台、球场或会议室都可能成为你的最爱。

第三步　下定决心认为自己是够格的——从储蓄者到消费者，从驮马到赛马

　　现在，你已经打开并检查了心理银行账户，也适应了即将踏入的"竞技场"，"赛前惯例"的下一步就是做出至关重要的决定：你的银行账户里有足够的存款。无论你的表现场地是球场、手术室、办公室还是费卢杰的危险街道，每次进入时你都面临着一个选择。无论你是每天进入这个"竞技场"从事朝九晚五的工作，还是每周日下午进入这个"竞技场"踢一场职业足球比赛，摆在你面前的都是同样的选择。当你到达运动场、舞台或会议室时，你会觉得你已经拥有足够的能力，足以在此时获得成功吗？在你踏入"竞技场"时，你是否已经赢得了第一场胜利，充分了解即将要完成的任务以及环境的要求，同时又能充分依靠直觉来顺畅地回应这些要求呢？

　　这个问题的答案必须是肯定的。若非如此，你就会认为自己在某种程度上不够格，不知为何就是不够，而这样做的结果是质疑自己，会不可避免地导致紧张和表现平平。你所付出的努力，无论是让你变得更强壮、更快、更聪明的体力工作，还是让你积蓄和保护

心理银行账户的脑力工作，只在一个前提下才有实际价值，这个前提就是你从中得出结论：就在那个特定的"竞技场"上，不管竞争对手或环境条件如何，你都足够优秀，可以去做你必须做的事情。这个决定会开启一个最为关键的内在心理转变——从一种加强自我储蓄，获取技能、知识、能力的态度，转变为一种释放或"消费"你所储蓄的一切的态度——从相对谨慎的储蓄者转变为相对无所顾忌（但不是粗心大意）的消费者。从有条不紊、可靠的驮马，转变为精神饱满、精力充沛的赛马。在你认为自己已经够格的那一刻，你就不再关心如何变得更好了。此时此刻，你所关心的只是做最好的自己。

我们可以以美国游泳运动员迈克尔·菲尔普斯作为这种转变的一个研究案例。他是奥运会史上获得金牌最多的选手（23 枚金牌），现在已经退役，致力于为年轻运动员提供心理健康服务。大量文章描写了菲尔普斯在奥运赛场上至高无上的地位，其中最让我印象深刻的是 2008 年 8 月《体育画报》上一篇题为《黄金思维》的文章，它讲述了菲尔普斯是如何踏入竞技场的。在这篇文章中，作家苏珊·凯西承认："尽管所有人都强调运动员的身体素质，但奥运会的成功很大程度上取决于两耳之间。"她回忆了和菲尔普斯谈论比赛的过程，并指出，当他这么做时，"他的整个能量场都发生了变化。他从懒散的家伙变身成安静凶猛的掠食者。这里没有什么吹牛的意思，就像泰格·伍兹滔滔不绝地谈论短切球时那样平静而确定"。当菲尔普斯打开他的心理银行账户，准备好发挥他通过精心训练所达到的速度来游泳时，他就会发生这种"变身"。

从储蓄者转变为消费者，或者从驮马转变为赛马，并没有唯一"正确"的方法。克里斯汀·阿德勒只是通过安慰自己——在致悼词时发自内心的任何感受都将恰如其分地纪念她的父亲——来完成这一转变。乔希·霍尔登使用他在西点军校棒球队和橄榄球队时我们一起创建的引导想象音频，实现了自己的转变，这些音轨让他想象"投出一记把跑垒者杀出局的球；击出飞快的球；在比赛最后阶段盗垒，将球队比分拉平"。想象他所知的每一项技能的成功，会让他进入一种熟悉的兴奋确信状态，一种他所渴望的"知情本能"状态。

为了让他的头脑保持"正确"，以获得在美国全国大学体育协会 D1 级冰球比赛中成功所需的速度、精度和强度，2015 年西点军校毕业生乔希·理查兹使用了下面这个详细、预先录制的"心理清单"，并且为每个部分都配了背景音乐：

*"迷失自我"（Lose Yourself）（艾米纳姆）*是时候开始了，是时候专注于我今晚的比赛了……这是我全力以赴的机会，成为冰上的一股力量……我先把注意力放在我的呼吸上……感受空气的涌入和呼出……持续一分钟，只是呼吸，将一切释放出来……现在看看冰球场……看看今晚的队服……听听人群的喧哗……感受冰刀在冰上

划过，球杆操控着冰球，那种兴奋、那种速度、那种强度……今晚的比赛我会这么打……

"300 小提琴乐团"（300 Violin Orchestra）（豪尔赫·金特罗） 在防守区域我维持 5 点（dice）。在强边我封锁界墙，在弱边我封锁软区……我知道在任何情况下我应该去哪里……我挡在球道上拦截了射门……我的沟通能力很强……作为一个团队，我们正确地转换进攻和调整……球门周围 10 英尺是我们的地盘，我们用球杆守护它，阻止射门，清除反弹球……这是我们的本质特征——这就是我们！

"我们是稳定的摩宾"（We Be Steady Mobbin）（李尔·韦恩） 在转向时，我脚尖朝向北方……在弱边，我猛力移动……在强边，我沉着镇定……我有远见地把球传给我们弱边的防守队员……作为持球手，我在每一次进攻中都创造一个得分机会……当我未持球时，我努力突破中间球道为队友创造空间……如果没有进攻机会，我会聪明地抛球，并开始在进攻区阻截……

"野小子"（Wild Boy）（机关枪凯利） 在我们阻截时，第一次很艰难，将冰切成两半……第二次支持和消除了后卫对后卫传球……第三次很好地观察了情况，要么击中，要么封锁……我希望成为阻截中第一个突破的人……我坚持很好地完成了阻截……我艰难且自动地重振精神……我创造得分的机会……我将防守球员逼到角落，他们害怕我……这是我的冰球！

"远距离爱情"（Going the Distance）（洛奇原声带 / 比尔·康堤） 在集中力量进攻时，我的队伍在进攻区域是最棒的……作为持球手，我的任务是机敏和有活力地带球……我记得"球权大于位置"……我挽回了球……我有信心沉着地比赛……我让冰球保持移动——高到低，低到高……我是联盟中最好的球门前进攻球员，晃花了守门员的眼……当我带球到球门前，我去到"快乐位置"，拥有世界最佳得分者的耐心……我抓住了机会！

"迷失自我"（Lose Yourself）（艾米纳姆） 这就是今晚将发生的——打出最好的球，一次轮换，正在边缘……从开场的开球开始我就定下了基调，让他们都视我为劲敌……我回到替补席，维持我的惯例，确保我能以正确的心态（冷静而活力四射，完全专注于当下，绝对不可触碰）迎接下一次轮换……这才是真正的我，这就是我今晚的表现！我们开始吧！

我的长期来访者和朋友马克·麦克劳克林医生要进入神经外科手术室这个非常重要的"竞技场"时，为了转变到他渴望的确信状态，遵循了一个他称为"5P"的结构化过程。他在更衣室换完手术服，一丝不苟地洗好手，这个流程就开始了。当他穿过通向手术室的门时，他会停下来，"按下暂停键（Pause）"，花点时间让忙碌的大脑完全安静下来。和我们大多数人一样，麦克劳克林在生活中身兼数职。除了外科医生，他还是一名丈夫、一位父亲、一个青少年摔跤教练，以及一家诊所的老板。"按下暂停键"，他就能有意将所有其他角色都分别"安置好"，这样它们就不会在接下来的挑战中让他分心。暂停时间可能短至 30 秒，也可能长达 5 分钟，这取决于那天他的生活中发生了什么，以及即将进行的手术有多困难。站在手术室中，双目紧闭，双手垂放身旁，此时他开始进行从"准备"到"表演"的转变。

当他达到了预期的平静程度，他就会想起这名患者（Patient）——"他最初来我诊所的目的是什么？他希望这台手术给他带来什么？现在是什么在削弱他？手术结束时，什么对他来说才是大获全胜的结果？这是他生命中最重要的时刻，而这掌握在我手中。"

接下来是计划（Plan）。麦克劳克林描绘了手术中每一个主要的预期步骤，从第一个切口开始，一直到最后：足够的暴露和光照，放置合适的引流管，在需要的地方插入钢板、螺钉或填充物。用 30 秒的时间来想象他的计划，这又给他的心理银行账户增加了一笔存款。

接下来，他开始回忆一系列积极想法（Positive thoughts）。"你拥有智慧、技术，以及永医生和詹尼塔医生的经验（这两位鼎鼎有名的外科医生是麦克劳克林实习期间的导师）……此刻能站在这里是你的荣幸……你生来就是干这行的！"这句简短的肯定陈述让他充满了感激之情和力量。

最后，麦克劳克林献上一段祷告（Prayer）。"亲爱的上帝，请帮助我尽我所能减轻这位病人的痛苦。无论手术中发生什么，请赐予我力量，让我渡过难关，让这位病人开启人生新篇章。"这段祷告，是麦克劳克林"赛前惯例"的最后一步，让他处于一种承蒙恩泽的状态中，此时他会感到被一种超然的力量所祝福，将他所有的天赋、训练和经验在这间手术室中与这位病人在一起的时刻完全发挥出来。那一刻，马克·麦克劳克林医生就会觉得自己够格了。当个人例行程序完成时，当他感觉已经获得了这种感觉时，他就会睁开双眼，看着手术团队说："好了，我们开始吧。"转变完成了。马克·麦克劳克林完成了"准备"，现在开始"表演"了。下面是麦克劳克林准备给一名脑部出血危及生命的年轻女性做紧急手术时，所使用的 5P 程序。

　　暂停："马克，闭上眼睛，在你的脑海中找一个安静的地方，屏蔽周围的一切。"

　　患者："这个年轻女孩现在需要你，她的父母也需要你。"

　　计划："第一要务是放引流管。这能为你争取一些时间。然后让她快速俯卧，迅速切入正题！"

　　积极思维："你能做到，马克。这是你生命中的转变之时……一个重大转变。"

　　祷告："亲爱的上帝，请帮助我为卡拉发挥出自己的最佳实力。请帮助我的眼睛和双手，去做该做的一切来拯救她。感谢你给予我的这份礼物。"

在危险的步兵战斗中，罗布·斯沃特伍德首先仔细查看所有的安全和责任清单，然后花时间来平息自己的情绪，并像麦克劳克林一样达到一种重要的平静状态，斯沃特伍德通过这一程序来完成转变。他向我解释这一程序时说："我用来帮助自己日复一日地做好准备的事情是，放弃对每次巡逻结果的控制感。我每次都提醒自己，外面可能会发生一些我无法控制的事情，我知道我不能让自己陷入可能出现的结果中——我或某个士兵可能无法回来。我必须放下对无法控制之事的担忧，这样我才能专注于我的角色和我的行为——我可以控制的事情。"当斯沃特伍德把注意力集中在角色和行动上时，他就觉得自己准备好了。

我呢？

如果你不是奥运会游泳运动员，不是世界一流的神经外科医生，也不需要去战场呢？如果你是数以百万计的职场人中的一员，"竞技场"是办公楼、教室或建筑工地呢？你也有"赛前惯例"吗？当然有。评估自己、了解所处状况、决定自己是够格的，任何想在重要时刻发挥出最佳状态的人都可以遵循这些关键步骤，对于职场人来说，这一程序每天都很重要。

作家史蒂文·普莱斯菲尔德提供了一个很有价值的例子，告诉我们如何带着一种确信感进行日常工作。在他的著作《艺术之战》（*The War of Art*）中，帕里斯菲尔德分享了他（当然，还有我们大多数人）是如何每天面对一种他称之为"阻抗"——让我们无法发挥最大效率的大量内部干扰、怀疑和恐惧——的力量的。普莱斯菲尔德非常了解这种力量——他称之为"写作阻碍"，他每天都通过遵循自己的"赛前惯例"来战胜这种力量，这样他就能坐在写字台前写出高质量作品。他的"赛前惯例"如下：

"起床，洗澡，吃早餐。读报纸，刷牙。然后打电话，如果有需要。喝杯咖啡。穿上幸运工作靴，系上侄女梅瑞狄斯给我的幸运鞋带。回到办公室，打开电脑。我的幸运连帽运动衫搭在椅子上，衣服上的幸运符是我从圣玛丽的一个吉卜赛人那里花8美元买的，我的幸运名牌来自我曾经做过的一个梦。穿上连帽衫。词典上有我的幸运大炮，那是我的朋友鲍勃·范思迪从古巴的莫罗城堡弄来送给我的，我让它指向我的椅子，这样它就能激发我的灵感。接着开始祷告，祷文是荷马的《奥德赛》中的'缪斯的祈祷'……随后坐下，开始投入工作。"

普莱斯菲尔德的个人惯例帮助他从分心转变为专注，从踌躇转变为确信。在这个过程中，他使用一些过去的"幸运"物品来帮助自己，但他知道，这些东西并不能让他变得自信——它们只是过去的成功和成就的提醒——这是他自我评估的方式。他了解形势和风险——完成今天的写作任务就是他的"表演"。在转变的最后一步，他向一种特殊的力量敞开心扉，这让他感到他是够格的。现在他就可以坐下，专心投入工作了。

从事任何工作的任何人，都可以以类似的个人惯例开启一天，给自己带来确信感和决心。发现自己最好的一面，确定要完成的关键任务，并下定决心认为你拥有所需的所有知识和技能——你是够格的。就是这么简单，同时也是这么困难。

做出决定

前文中的多个例子展示了各种各样的转变方式——从准备到展现自己，从驮马到赛马。你"如何"做决定并不重要，重要的是你做了决定！

我承认，这种转变对很多人来说都是一个挑战。当你进入"竞技场"时，你总会忍不住对自己说，我真希望我能多学一些／多做一些／多练习一些／多了解这个客户，但这样做只会打开自我怀疑的大门，让你进入思维／表现相互作用的无效下水道循环。如果你的目标是发挥自己的最高水平，这种循环就不可取。同样，你也可以问自己这个问题：我准备好参加比赛／考试／会议／演讲了吗？但这个问题也会引发一场自我怀疑的风暴。最好的做法是，一旦过了某个时间或空间的阈值，就干脆停止提问。我称之为"仅限陈述"（Statements Only，简称为 SO）规则——一旦过了某个时间点或某条线，你就不再问任何问题，只对自己和队友做出陈述。

　　理解 SO 规则的一个简单方法就是想想"比赛日"——对职业橄榄球运动员来说是周日，对大学橄榄球运动员来说是周六，对大多数高中橄榄球运动员来说是周五。当你在那天醒来，当你把脚踩在地板上，从床上起身，你就拒绝问自己或任何人任何问题，你有意告诉自己或其他任何人你将表现得多么好。即使是那些看似无害的问题，比如"你感觉怎么样？"或者"今天准备好了吗？"也是要被禁止的，因为即使是那些表面上看起来简单、无关的问题，也会引发更深层、更严重、更消极的一系列问题。就像星点余烬能引发大火一样，这些看似无关的问题会让你（以及你的队友）问："我真的准备好了吗？我真的为今天这场比赛做好了充分准备吗？"而在比赛日问这些问题没有任何功能性价值。它们的作用只是减少你的心理银行账户存款，将你拉进下水道循环。遵循 SO 规则，对自己和周围重要的人做出陈述："这是一个绝佳机会……你今天会将它完成……我们现在有机会做一些大事！"

　　SO 规则适用于所有人，即使我们没有特定的每周"比赛日"。麦克劳克林医生进入手术室的每一天都是"比赛日"。罗布·斯沃特伍德中尉带领他的士兵进行的每一次夜间巡逻都是一个独特的"比赛日"。无论何时，当你需要在你的专业领域进行"表演"的时候，无论是朝九晚五工作的办公室员工一天几次的"表演"，或者巡回演出的音乐家每晚的"表演"，还是职业足球运动员每周一次的"表演"，规则都是相同的：当进入"竞技场"时，只对自己及其他人做出陈述。找到适合自己的等同于迈克尔·菲尔普斯的"安静凶猛的掠食者"版本，如果你更喜欢不那么咄咄逼人的象征物，也可以将其表述为"一匹精心打扮、优雅得体的赛马，准备好进入起跑闸门，奋力奔跑"。

我经常会遇到这样的问题："如果我内心深处知道我没有做好准备工作，但我还是要去参加考试，那该怎么办？"答案是：带着百分之百的信心去参加考试，就像你是上周每晚最后一个离开图书馆的人一样。我们都知道，如果没有做好充分的准备，就不应该期待巨大的成功，但为什么我会这么回答呢？因为你永远不会知道你的"油箱"里到底有多少储备，直到你把它清空。没有学习够？你怎么确定呢？没有练习够？除非你尽可能自信且勇猛地比赛，否则你怎么能知道呢？到底多少练习／学习／准备才算"足够"呢？你永远不会知道你是否有足够的"钱"去买东西，直到你清空所有的口袋，把你的"钱"放在桌子上。为什么不打开你的"银行账户"，相信里面有足够的储蓄，让你能得到你想要的东西呢？

奥本海默公司的投资部总经理查德·艾伦最初从事财富管理业务时，并没有关于市场周期和投资选择的渊博知识可以用来打动潜在客户。然而，他所拥有的是在西点军校担任军官和校际棍网球运动员的经历，这些经历教会他专注于他能控制的事情，并最大限度地利用他的个人优势——诚实、忠诚和智慧。当他准备进入销售领域和一名潜在客户见面时，这个 25 岁的新手知道他无法控制竞争对手会做什么，也无法控制第一次见他的人是否会因为他年轻而拒绝他。因此，对于即将到来的会面，他围绕着他能控制什么（我可以控制今天这场会面的对话）和他能做什么（我可以让他们同意第二次会面）来思考。像霍尔登和麦克劳克林一样，随着会面的临近，艾伦用一系列积极想法打开他的心理银行账户——我理应出现在那个房间里，因为我很聪明，我知道如何帮助一个家庭规划财务……他们应该和我会面！查德·艾伦当然不是他公司里知识最渊博、经验最丰富的金融专业人士，但他没有让这些阻碍自己满怀信心地进入"竞技场"。艾伦当然没有积累1万小时的练习和训练（被广泛认同的成为某领域专家之前需要达到的标准），但这并不妨碍他在那些关键的第一次会面中展现出他所拥有的每一点专业知识。

等待每个人的陷阱是，相信你永远无法做足功课或无法得到充分的练习。当你落入这个陷阱时，你就会在进入考场时疯狂地复习课堂笔记，或者在即将开始销售谈判时孜孜不倦地重复每一句营销话术，希望这些最后时刻的练习能神奇地弥补你准备的不足。对于那些在踏入"竞技场"之前，忍不住希望自己多练习、多研究、多学习的人，指导方针是承认你所拥有的，承认你所做的准备，然后合上笔记本，对自己宣布，我准备好了，我已经尽我所能地准备好了，我是够格的！让我们看看现在我能做得多好。

海伦·马洛丽斯在踏上奥运会摔跤决赛的垫子时会对自己说

"我是够格的"。海伦的对手是卫冕世界冠军和奥运会冠军，并且在她们之前仅有的两场比赛中都以绝对优势击败了海伦。"这是我对自己说过的最放飞自我的话，"马洛丽斯在获胜后接受美国全国广播公司奥运网站（NBCOlympics.com）采访时说，"我原本认为在成为奥运冠军之前，我必须达到某种极限水平，但是你不一定要出类拔萃。只要做好充分的准备，你就可以成为奥运冠军。"

　　你准备好成为够格的人了吗？当你下次踏上"竞技场"时，你能符合引言中阐述的自信的定义——充分肯定自己的能力，可以在不受有意识的分析思维干扰的情况下完成工作吗？在那一刻，你是否处于一种知情本能状态，首先评估自己，然后评估形势，接着决定你的心理银行账户里的储蓄是充足的？对你来说，这既是挑战，也是机遇。

结论：想象一下你很富有

　　也许不像杰夫·贝索斯那样拥有可以买下整个国家的财富，但你的资产可以让你不再工作，并且能买得起任何你想要的合理范围内的东西。你的财富是通过努力地工作和明智地存钱积累下来的，而不是从富有的叔叔那里继承了一大笔遗产或中了强力球彩票。这意味着尽管你很富有，你还是很珍视自己的财产。

　　现在想象一下，富有的你正准备买一辆新车。你已经决定了购买一款具有某些特性的、某个品牌和型号的汽车，然后带着满意的笑容去找经销商，因为你知道你的银行账户里有足够的钱来买你想要的车，而且绰绰有余。这种存款充足且对消费感到舒适的感受，代表着你态度的巨大转变。在很长一段时间里，你努力工作和储蓄来不断充实你的银行账户，你小心翼翼地对待这些资产，因此你谨慎地花费，明智地投资。但现在你的态度截然不同；因为你对存入银行账户的所有钱感到很确定，你知道你有足够的钱。

带着这种截然不同的态度，你就不必担心当走进经销商店时得不到你想要的，或者离开时没有交易愉快的感觉。带着这种强大的情感力量，你就对谈话拥有了控制权，而且拥有最终发言权。

这难道不是一种很棒的感觉吗？

第 8 章

从始至终自信完成整场比赛

现在，你已成功进入"竞技场"。你已经完成了"赛前惯例"，评估了自己和当前形势，下定决心认为自己确实是够格的。也许现在你正被引入一间人潮涌动的会议室或礼堂，或者你正站在球场边听着国歌奏响，或者你与同为第一响应人的队友刚刚到达火灾或事故现场。在这些情况（或数以百万计的其他情况）下，你的自信和能力都将受到考验，而这是一场真正的考验，因为会议室里的听众可能对你极度怀疑，球场另一边的对手（和你一样想赢）可能非常棘手，你刚刚进入的事故、火灾现场或战场可能就是人间地狱。你现在面临的不仅仅是一个"关键时刻"——需要你处于一种宝贵而高效的知情本能状态，而且是一系列"关键时刻"，其中每一个时刻都要求你做到最好。本章将介绍如何在演讲、比赛和日常工作中不断打开你的心理银行账户，让你不断给自己"注入"一点够格的感觉，并从始至终赢得一次又一次第一场胜利。

坦率地说，在任何表现中从始至终赢得每一次第一场胜利是富有挑战性的。如果我告诉你，既然你已经在心理银行账户里"存了"一大笔相信自己的理由，并且完成了赛前惯例，因此你进入"竞技场"时就会感觉自己"很富有"，你的自信会在开场时自动达到最高水平，并且在比赛中的每分每秒、每个场次一直保持这种状态，这可能有点虚伪。我很想告诉你，你会站到麦克风前，轻松自如地发表演讲，或者每次突破时在球道上飞奔两三百米，或者本能地倾听并回应工作人员的评论和问题，轻易地忽略任何不幸或不完美。确实会有一些时刻，你似乎可以从容地、思维清晰地完成演讲、比赛、会议或任务，但很可能也有一些艰难时刻，你必须有意识地重新控制局面并重拾信心。人类关注消极事物的倾向（这是进化过程中遗留下来的，这种倾向可以帮助我们的祖先躲避危险）仍然存在，无论你多么"富有"，它都会找上你。此外，当你在"竞技场"上表现时，某件事或某些事很可能不会那么完美。正如我们所看到的，人类表现的真实世界是一个不完美的地方，你是一个不完美的人，很可能在这里或那里犯错。既然你不可能是完美的，因此当发生过失和失误时，就应该做好应对它们的心理准备。你还需要面对"对手"，"对手"可能是一个人，也可能是截止日期，或一些随机但恼人的环境因素，比如半途中遇到的技术难题。还有一种普遍的社会观念，认为在关键时刻，你应该"多加思考"你正在做的事，而不是以一种知情本能状态来执行。以上这些现实因素会让你更难以每时每刻都赢得第一场胜利，但这并非不可能。好消息是，无论你现在的处境有多困难，你总是可以选择如何应对，你总是可以一次赢得一个"第一场胜利"。

在这些挑战性时刻，第 5 章"无论如何，每天都要保护你的信心"中阐述的方法既可作为防御盔甲，也可作为反击武器。把表现中的每一个不完美时刻看作：暂时的（"只会发生这一次"），有限的（"只会发生在这一个地方"），非代表性的（"这不是真正的我"）。这能让你避免陷入"我又这样"的焦虑陷阱，"我把整件事都搞砸了"的怀疑情绪，以及"我很差劲"的衰弱状态。对于这些唠叨之音，或干扰你的注意力，进一步引发恐惧、怀疑和担忧的声音（我的同事桑迪·米勒喜欢称其为"尖叫的傻瓜"），可以通过"获得最终发言权"来让它们一一闭嘴。你冷静地承认它们，坚定地阻止它们，并自信地用你的心理银行账户中有益的、任务导向的陈述来替代它们。最终，你的个人心理武器库里就会备有看似矛盾但非常有用的"射手心态"——把任何失误、错误或挫折视为你的下一个目标、行动或正确指向的暗示，认为随着比赛、任务或日常工作的进行，你的成功概率只会越来越高。这些技巧能够保护你的确信感，抵御来自内部和外部对手的不可避免的攻击，帮助你赢得一个又一个小小的第一场胜利。掌握了这些防护措施，接下来就让我们期待一场自信的表现吧！

"不经思考的头脑"与"无比警觉，操控一切"

早在 20 世纪 60 年代，格式塔心理治疗学派创始人、心理学家弗里茨·皮尔斯就提出了"抛开理智，回归感受"这句话，以帮助他的病人逃离破坏性思维的陷阱，过上更幸福的生活。我怀疑他想说明的并非"从始至终自信地完成比赛"这件事，但他的洞见直击要害。在任何"竞技场"上的任何表现者，只要谨遵皮尔斯博士的建议，都能获得更好的表现：不要过多"思考"你正在做的事，关注你周围真实发生的事。当我问任何一位来访者——无论是竞技体育运动员、音乐家，还是金融服务团队经理——他们最棒、最成功、最令人满意的时刻是什么时，他们总是告诉我两件与皮尔斯的建议不谋而合的事。第一，他们告诉我他们感到"自动……本能……无意识"，这意味着他们的决定和行动、问题和答案，似乎几乎没有经过审慎的思考。从某种程度上来说，他们"跳出了理智"，这意味着他们在表现的时候没有分析或评判他们正在做的事情；他们不会自我批评，也不会在表现中担忧结果。第二，他们告诉我他们感到"清醒……全然投入……全神贯注"，这意味着他们的眼睛、耳朵和感受，他们所有的感官都充分参与其中，甚至可能提高了敏锐度，这有助于他们感知正在发生的事情并有效地对其做出反应，无论是 20 名球员在足球场上跑动，还是管弦乐队指挥棒最轻微的挥动。

　　这些关于高光时刻心理状态的个人评述也许像新时代的多愁善感，但它们实际上得到了神经科学最新研究发现的支持。现代大脑扫描和神经生物反馈技术使得对人类表现的神经科学研究激增，这些研究支持了："安静的大脑"——相对不受意识层面分析思维影响的大脑，最适合高水平的执行操作。神经科学家布拉德·哈特菲尔德和斯科特·克里克发表在 2007 年《运动心理学研究手册》（ *Handbook of Sport Psychology Research* ）中的文章《优秀运动表现的心理学：认知和情感神经科学的观点》总结道："科学文献中的大量证据支持，高水平表现是以心理过程背后的大脑活动的节俭为标志的。"此处"节俭"指的是字面上的"心灵平静"，即无须执行特定任务的大脑中枢和神经过程停工。哈特菲尔德在接受健康电视采访时简洁地说："从神经科学的角度来看，全神贯注意味着对于执行某项任务所必需的大脑结构充分参与，而那些没有参与任务的大脑结构则彻底退出。"在这种安静、节俭的状态下，来自感官的刺激以最快的速度被处理，使得反应更快、运动协调更流畅。我的来访者描述完"跳出理智"和"全情投入"之后，几乎总是叹息着告诉我："我希望我能一直保持那个状态。"

　　我也希望他们能做到，但是，即使他们不能在每次表现时都处于那种状态或体验"心流"（我从未见过任何人，即使是我所认识的奥运冠军，可以一直保持那种状态），但如果他们采取正确的步骤，他们可以更接近该状态，并且更频繁地进入该状态。你也可以这样做，如果你首先创建了心理银行账户，然后决定你已足够"富有"，接着在每一次"投入"（棒球比赛中的每一次投掷，网球比赛中的每一分球，每一次检查生产线）之前，有意远离意识和分析思维以及"确保我以正确方式认真操作"的想法，并开启你的眼睛、耳朵和其他感官。

西点军校 1996 级的陆军中尉安东尼·兰德尔在面对自己军旅生涯中最大的个人挑战时，选择了"抛开理智，回归感受"。这一挑战是美国陆军游骑兵学校为期 9 周的"苦难节"，在这期间，心怀理想的特种作战士兵和军官要背着重达 54 千克的背包，在丘陵或沼泽地带行进 15 千米。在艰苦的日日夜夜中，他们进行小型部队的战术演习，比如巡逻、伏击和突袭，每天只吃一两顿饭，在户外只睡 3 个小时。每天由一名轮值教官对候选人进行评估，看他们在领导自己、领导同伴以及最终领导整个团队方面的表现。游骑兵学校的训练是否比海豹突击队的训练更困难，这个问题还是留给其他人去讨论，但毫无疑问，游骑兵学校的训练是一场为期 9 周的"表演"，需要心理银行中的大量储备，以及反复赢得第一场胜利。兰德尔迫切需要第一场胜利，因为这是他在美国陆军游骑兵学校的最后阶段。当教官叫他计划一次夜间突袭并带领一个排完成突袭时，他还远远没有达到最佳状态。在过去的几周里他瘦了 14 千克，他的手指被割破了，不得不用绝缘胶带把手指包起来，以便提起背包或拿起武器。他已经被"回收"两次了，即他在一个阶段的训练中失败了，必须进入一个新班级重新训练并通过该阶段（只有大约30% 的游骑兵学校毕业生没有被回收过，总体毕业率只有 40%）。这是兰德尔最后的机会，如果这次夜间突袭没有得到游骑兵学校教官的赞许，兰德尔就会失败第三次，也是最后一次，他没有下次机会了，这次失败将严重阻碍他前途光明的军旅生涯。

　　然而，尽管面临这些困难，而且必须在这最后的机会中获得成功，当教官叫到兰德尔的号码时，他完全平静下来，为自己创造了当前任务所需的控制感和确信感。他向我讲述那次经历时说："我和副排长及小队长有 15 分钟的时间来计划这次突袭行动。我一接到命令就做出决定，我要将心理训练投入实际应用，运用我在西点军校学到并已经练习多年的技能"——拥有"不经思考的头脑"（兰德尔版本的"抛开理智"），进入"无比警觉，操控一切"的状态（兰德尔版本的"回归感受"）。最后他说："开始了，伙计！我们会掌控一切！"兰德尔带领整个排出发，他布置好武器小队的位置，选出突击小队，并让最后一个小队分头进行外围警戒。"当枪声响起的时候，我处于一种彻底没有意识的确信状态，完全控制着自己，完全关注着突袭中的每一个细节。教官说这是他们见过的最好的一次任务执行。"兰德尔拿到了游骑兵资质章，继续着前途无量的军旅生涯，在担任了数年空降跳伞教练并两次被派往伊拉克之后，他在佐治亚州的本宁堡担任驻军牧师。

成为惯例

为了能够在长时间的表现中更容易"抛开理智，回归感受"，我建议使用运动心理学中所谓的"击球前惯例"，这是一种连续性心理"交通工具"或路径，可以将你的头脑直接引导到手头的任务上。这一"惯例"是你始终如一、习惯性做的事情，以确保达到预期的结果。就像你会定期经常刷牙以保持牙齿的清洁和健康一样，你也可以把重申对自己能力的确信感当作一种常规，来确保在比赛、任务或日常工作中获得最佳成功机会。想象一下，一名高尔夫球手在 18 洞比赛中每次都努力打出最好的一球，或者一名四分卫在橄榄球比赛中每次都努力发挥最好的表现。这些运动员必须在每一轮或每一场比赛中，至少 60 次让自己进入一种自信和专注的状态，为了帮助自己持续进入这种状态，他们会使用一种有意识的惯例程序，即一个简短的心理过程来赢得第一场胜利，让他们的思想保持在正确的轨道上。其他一些体育项目在动作中有不同的停顿，这些项目的运动员也需要在每次"投入"之前，让自己进入同样的状态——网球选手的每一分球，棒球选手的每一次投掷，冰球选手的每一次轮换，足球和篮球选手的每一次暂停。即使是像长跑和划船这样持续的运动，也需要定期重新打开心理银行账户，赢得小小的第一场胜利，以维持速度和忍受疲劳。职场人也不例外：从早到晚"充满自信"地工作一天，埋头处理收件箱里没完没了的信息，或者在 12 小时的护理轮班中监护一层楼的病人，他们也需要一个又一个小小的"第一场胜利"。"击球前惯例"或"投入前惯例"就像挂锁密码或手机密码。输入正确的数字组合，你就进入状态了。

　　有效的"击球前惯例"可以让你完成一些非常重要的事情——阻止你思考过去和未来，让你投入当下，远离过度分析、不必要的判断和危险的自我批评，直接感知当下重要的事物。通过把注意力从所有干扰想法和担忧中转移开，正确的"击球前惯例"可以让你的自信和确信感散发光芒，这样你在表现时就不用担心那些吞噬你宝贵脑力和精力的想法和担忧。在激烈的"战斗"中，无论我们谈论的是一场真实的战斗，还是在赛场上、音乐会舞台上或工作场所中更常见的小战斗，一套可以用来打开你的心理银行账户，从中"取出"一些自信的例行程序，会成为你"最好的伙伴"。

　　你可以通过遵循以下 3 个步骤的"C-B-A"（提示 – 呼吸 – 专注）投入前惯例，在每一次投入表现之前"抛开理智，回归感受"。

　　（1）提示（Cue）

　　（2）呼吸（Breathe）

　　（3）专注（Attention）

第一步：提示

　　如果你是一个棒球迷，你可能看过 1999 年的电影《棒球之爱》（*For Love of the Game*），在这部电影中，凯文·科斯特纳饰演一个上了年纪的职业棒球大联盟投手，在充满敌意的赛场上打球。在整部电影中，当科斯特纳扮演的角色面对一个又一个击球手时，他在每次投球前都会应用一套思维惯例程序，一开始他告诉自己"集中精神"。这一私人、自创的声明就是他的自我提示，提示他在心理上把自己从体育场中对手球迷的嘘声和嘲笑中转移开，这样他就能专注于一次投出一个好球。这是一种简短而有力的声明，你可以用它来开启"击球前惯例"或"投入前惯例"，作为自身确信感的"提示"。在惯例的第一步，你要提示自己进入信任和确信的状态，让现在就好好执行的决心浮现出来。

　　在运动心理学中，使用提示语是一种行之有效的做法，已被证明是一种有效的控制注意力、控制情绪或情感的手段，正如第三章中所讨论的那样，使人们能够持续努力。运动心理学研究已经证明，在各种各样的运动（网球、花样滑冰、滑雪、短跑、高尔夫球、棍网球、摔跤、篮球、冰球）中，提示语对新手和高手都是有效的。通过在开始表现时使用简单的提示词或短语，如"流畅而油滑"（用于高尔夫球）或"爆发"（用于短跑），这些研究中的运动员持续专注于有益的行动或特质，而不是纠结于思考他们的行动方式或担心比赛的结果。

研究表明，"击球前惯例"或"投入前惯例"应该以简短有力的陈述开始。之所以说"简短"，是因为你现在身处竞技场，可能没有多少时间；之所以说"有力"，是因为此时此刻需要召唤最好的自己；之所以说"陈述"，是因为今天是比赛日，在比赛日你需要遵循"仅限陈述"规则。以下是我的来访者在比赛、竞赛和表演中使用的简短而有力的提示：

我是天选之子！（美国国家冰球联盟选手）

我是铜墙铁壁！（美国全国大学体育协会棍网球守门员）

放松，点燃！（美国国家冰球联盟选手）

尽你所能！（超级碗最有价值球员）

释放！（美国全国大学体育协会足球选手）

这是属于我的机会！（投资顾问）

我已完成准备工作！（陆军战斗潜水员候选人）

巡航的时候到了！（奥运会预选赛马拉松运动员）

我是第一装甲师的一员！（新营连长）

任何能唤起或加强你做好这件事的决心的陈述此时都有用。与构建肯定陈述的原则相同：积极的表述（"我是铜墙铁壁"，而不是"别让任何人得分"）、现在时（"我是"，而不是"我将成为"）、有力（"我已完成准备工作！"，而不是"我希望我准备好了"）。需要注意的是，提示的重点是成功的过程，而不是你追求的结果；重点是你需要做的事或专注当下，而不是你追求的结果。对于马拉松选手来说"巡航的时候到了"比"我将打破3小时的纪录"更管用。游泳巨星迈克尔·菲尔普斯的长期教练迈克·鲍曼对这种差异的重要性给出了一个很好的解释：

"你永远不要想着'这就是我如此努力的原因'，因为这种想法会在你需要完全专注于成功的过程时，将所有注意力转移到最终结果上。我曾经上过一个很棒的课程，他们展示了两位奥运会花样滑冰选手——为金牌而决战的一个俄罗斯女孩和一个美国女孩。他们展示了在最终决赛上场之前两位选手和教练的对话。美国教练走过来对美国选手说'你的所有努力都是为了这一刻'，可以看到美国选手明显变得紧张了。当你想着结果时，对结果的关注会提升你的唤醒水平。如果你告诉运动员'如果我们想要赢得比赛，你就必须在这个项目获胜'，这会提高他们的唤醒水平，有时这样做是合适的。但这个美国女孩显然已经很紧张了，他再说'你的所有努力都是为了这一刻'，接着他们打算击掌却没有击中！无法做出精细动作，这就是一个过度紧张的信号。这名选手上场了，但表现很糟糕。接着展示了俄罗斯女孩和她的教练，他们只是在闲聊。他嘱咐了一个小的技术要点，关于第一次跳跃时要做什么，这个俄罗斯女孩明显很放松，因为当你谈论过程时能降低你的唤醒水平……这就

是我们对待运动员的方式。更快乐、心情更好的人，总是比那些更
紧张、更严肃的人做得更好。"

选择一个提示，它能唤醒你的采取特定行动或获得特殊感受的
确信感。当你每次重复这个提示时，你都能获得一种安心的感觉：
你是够格的，你确实"很富有"，这个提示就是有效的。

第二步：呼吸

当说出了那句有力的陈述，感受到安心感时，就通过一两个舒
服的深呼吸，将其传遍你的全身。也许你的妈妈或祖母曾告诉你在
做事之前先"做一个深呼吸"，这不失为一种好方法，但她并不知
道为什么要这么做，或如何真正做一个有效的深呼吸。呼吸是一种
被我们当作理所当然的活动，但是很少有人意识到呼吸是一种强有
力的提升表现的技巧，更少有人会去学习如何有效地呼吸，然后把
这些知识融入他们的日常训练中。将有效呼吸作为"投入前惯例"
的第二步有以下几个好处。

它会把你的注意力集中到当下——当你有目的、正确地呼吸
时，你就会把自己从过去和未来带回"现在"。

它有助于释放消极情绪和自我怀疑——一次正确的呼吸可以让
你"呼出"暂时的挫折或因人类的不完美而带来的小插曲。

它能提高你身体的能量水平——充分吸气将重要的氧气带入血

液，有力的呼气将促进乳酸积累的二氧化碳排出体外。

它能减少头脑中纷繁芜杂的几十种（几百种？）思绪，并生成一种目标感。

它能在困难情境下创造个人控制感——当你有目的、正确地呼吸时，控制形势的就是你，而不是比分、对手或比赛环境。

如果以上这些好处还不足以让你在踏上争球线、起跑线或开始谈判时考虑正确呼吸的重要性，那么请认真听一听空手道大师大岛勤的话："呼吸是连接意识和无意识的黏合剂。"从科学角度来说，大岛勤的观察是正确的；呼吸是唯一一种你可以有意识地控制但又不受你控制的活动，即无意识进行的活动。这是因为你的呼吸肌肉（稍后会详细介绍）有两套控制装置。一套来自随意神经系统，你在决定拿起芝士汉堡还是蔬菜汉堡时使用的神经系统。另一套来自不随意或自主神经系统，当你吞下汉堡后，该系统就自动开始消化吸收。这一事实有重大意义——意味着你可以通过有意识的呼吸来影响一系列自主和不随意的功能，比如血压和心率。这也意味着呼吸会影响你的转变——从对表现的有意识心理控制（分析、机制原理、评判、自我批评）到无意识心理控制（自动、接受、信任）。所以，如果你的目标是获得力量和技能、那些潜藏在无意识中的"魔力"，以及当你"抛开理智，回归感受"时能够利用的巨大能力宝库，那么正确的呼吸是在整个表现过程中很重要的一步。正如贝利萨·弗拉尼奇在她的著作《勇士的呼吸》(*Breathing for Warriors*)中所写的那样："专注于呼吸意味着让身体跟随自身的感觉，在没有意识干扰的情况下练习。"

为了进行有效的呼吸，你需要动用两组强大的肌肉来让空气进出肺部。没错，是肌肉！呼吸是一种肌肉活动！与我们的常识相反，肺并不是控制呼吸的主要器官，它只是两个大"袋子"，在呼吸肌肉活动产生的压力下扩张或收缩。肺部的扩张，即吸入空气，是通过吸气肌——位于肺部和胃部之间、将胸腔和腹腔分隔开的膈膜肌，以及位于肋骨之间的肋间肌——收缩或收紧完成的。当这些肌肉收缩时，会向下压胃和肠（膈膜肌），并向外提起肋骨（肋间肌），从而扩大胸腔。正确而有效的吸气是使用这些肌肉产生一种"向下、向外"的感觉，一种腹部膨胀的感觉，而不是肩膀抬起的"向上"的感觉——这也许是你所知的呼吸方式。收缩肺部，将空气排出体外，是由呼气肌——腹肌，包括前面和两侧的肌肉（腹斜肌）——完成的。这些肌肉收缩（并且吸气肌放松）时，它们会把胃和肠向上、向内推，并把肋骨向内推，从而使胸腔收缩。正确而有效的呼气是使用这些肌肉产生一种"向上、向内"的感觉，一种收紧腹肌和收缩腹部的感觉。当这两组肌肉协同工作时，肺部就会进行最佳的扩张和收缩活动，产生最佳的空气进出运动。

现在就试一下，坐在椅子上或者舒服地站着。以呼气开始，向脊柱方向收紧腹肌和腹斜肌，呼气。然后放松腹肌，收紧横膈膜，吸气，随着空气的涌入，感觉你的腹部向外扩张，下肋骨抬起。舒适地重复这个动作 3~4 次，享受它带来的能量和轻松的感觉。现在，通过锻炼吸气和呼气肌肉，你已经接近了控制能量水平及情绪、开启潜意识能力的方法了。这一简单的练习只是利用神奇的人类"呼吸设备"的最基本的步骤。每一个表现者，无论是高尔夫业余爱好者，还是精通战术的军事运动员，都可以从训练呼吸肌肉中受益，就像认真且持续地训练其他肌肉一样。了解这些肌肉以及它们的工作机制，对你的力量、韧性和专注力将大有好处。

在你遵循步骤一对自己做出确信陈述时，做两三个深呼吸，以深沉、缓慢的呼气结束，你便能提高对当前时刻的控制感。当你决定（回到第一步的列表）"尽你所能"或"我是铜墙铁壁"时，有意的呼吸可以帮助这种信念在你身体里深深扎根。

第三步：专注

是时候完成惯例了……通过信念感提示，以及将你带到当下的呼吸，你已经大体上"抛开理智"了。往常大脑中的嘈杂和烦扰之音，被这两种有意行为屏蔽了。现在，把注意力放在当下最重要的事情上，"回归感受"：网球对手即将发过来的球；你即将用乐器演奏的歌曲开头小节的最后一个音符；你面前包含最终决策所需数据的电子表格。把注意力集中在这个"目标"上，是让你得以自信表现的"投入前惯例"的最后一步。

如果"集中注意力"这句话听起来像是某种需要正式学习的复杂心理过程，那么我可以向你保证，事实并非如此。这无非是让自己对即将要做的事情着迷，让自己对眼前的事物、周围的事物以及当前的行动充满好奇和兴趣，让自己的感官完全被这一切所吸引。如果你曾经停顿过哪怕一秒，去欣赏迷人日落的色彩，你就会明白我所说的，让自己着迷是什么意思（如果你最近还没有欣赏过迷人日落的色彩，我强烈建议你欣赏一下）。这种着迷是"抛开理智"的最后一步，并让你完全沉浸在此时此刻的表现中。

泰格·伍兹在 2004 年的授权 DVD 专辑中天真地描述说，他对即将击出的一球如此"全情投入""全神贯注"，以至于所有背景噪声和他的所有意识想法都消失了。"就仿佛我的自我让位了……我猜潜意识接管了一切。"他说。这表明他"抛开"了评判和自我批评的那部分理智，开启了无意识能力。值得注意的是，在 DVD 专辑中的采访期间，泰格·伍兹创造了连续 264 周排名世界第一的新纪录。

你马上就要接到网球对手发出的球了吗？当对手把球抛起来的时候，让自己对它着迷。你要进入演讲的下一部分了吗？当你说出每个词的时候，让自己着迷于它们的发音。在跑步训练中你开始昏昏沉沉、速度减缓了吗？让自己着迷于稳定的步伐节奏、肩膀的摆动，或者至关重要的呼吸肌肉的运动。

让我们来看看美国奥运会雪车运动员道格·夏普的故事。有些人会给人们留下很深刻的第一印象，道格·夏普就是其中之一。他身高1.8米，体重93千克，金发碧眼，肌肉发达，活脱脱就是一个超级英雄。在我向道格·夏普和美国陆军世界级运动员项目雪车小组的其他成员解释了我是谁、我的职业以及我是如何工作的之后，他目光锐利地盯着我说："你有多少时间给我们？"很快，我发现夏普曾是一个全美国排得上名次的大学撑杆跳运动员，但他在奥运会撑杆跳预选赛中无法保持镇静，因而表现不佳。他意识到，过去他由于无法控制自己而错失了良机，现在既然可以与一位运动心理学家一起工作，他便不想放过这个机会。

在接下来的14个月里，我花了很多时间与道格·夏普和他的队友迈克·科恩（现任美国奥林匹克雪车项目主教练）以及布莱恩·希莫（正准备第4次参加奥运会）一起工作。尽管困难重重，但他们每个人都学会了寻找自己的优势，并创建了令人印象深刻的心理银行账户。2001年12月，夏普、科恩、希莫和丹·斯蒂尔在预选赛中获得成功，组成了美国奥运会2号雪车队。

时间很快来到了2个月后的第19届冬奥会，在第一天的前两轮比赛结束后，美国2号雪车排名第5，对没希望拿奖牌的雪车项目来说，这是一个很不错的排名。紧随其后的第6名是强大的德国1号雪车，夺冠热门选手。

在比赛的第二天，也是最后一天的早上，道格·夏普和我在犹他州盐湖城奥运村外的一家煎饼店吃早餐。那天晚上，道格和他的车队将再进行两场比赛，又多了两次争夺奖牌的机会。尽管在过去的 46 年里，没有一个美国雪车队获得过奖牌，但我还是能看出来道格对自己队伍获得的机会感到兴奋。他的心理过滤器在处理这样一个事实：他的车队领先德国 1 号雪车，只落后第 4 名的瑞士雪车 0.01 秒。当女服务员端来我们的食物时，我对他说："你们现在的处境很不错，夏普。"道格扭头看了一眼，仿佛要确定没有人在听他说话，然后在他的华夫饼和煎蛋卷上方俯下身来。他的眼睛似乎变得更明亮了，他用平静而激动的声音说："医生，我们正处在对的轨道上。我们感觉很好，如果我们能有一丝一毫的机会，有一丁点儿运气，我们就会获得奖牌！"就在那时，我知道道格赢得了他的第一场胜利。

几小时后，道格·夏普和美国 2 号雪车的其他 3 名成员得到了他们一直在寻找的机会。获得第 6 名的德国 1 号雪车的舵手宣布，由于腿部受伤，他及他的车队不得不退出比赛。如此一来，各车队在该项目上获得奖牌的概率变大了，美国 2 号雪车跻身其中。那天晚上，在全世界的注视下，道格的车队连续两轮表现出色。他们启动得很稳定，舵手布莱恩·希莫驾驶得像个疯子一般。他们充分利用了德国雪车队弃权所带来的微小机会，遥遥领先于在第一天比赛中获得第 2 名和第 4 名的两个瑞士雪车队。最终他们获得了铜牌，结束了美国在雪车项目上 46 年来从未获得过奖牌的历史，也让那些认为他们毫无胜算的批评者哑口无言。

　　自从那次煎饼店的谈话之后，我便将"寻找最微小的机会"纳入了心理准备和心理韧性训练之中。"寻找最微小的机会"属于任何"C-B-A"投入前惯例的"A"部分。它在两个方面发挥着作用。第一，根据定义，"寻找最微小的机会"意味着你的注意力集中在外部，你"回归了感受"，在你的世界中仔细寻找任何可能有帮助的东西；第二，"寻找最微小的机会"意味着你在一定程度上确定确实存在一个"机会"，一旦你找到它，你就可以利用它。想想看：如果你知道某样东西不存在或不可能被找到，你就不会去找它了。你正在寻找它这件事就是一种微小而重要的乐观表达，它与"我从未获得过任何机遇"或"今天运气不好"的常见感受形成了鲜明对比。考虑到胜利与挫败、成功与失败之间的差距往往小得可怜，最微小的机会都可能造成最大的差异。但你根本看不到它，更不用说利用它了，除非你像道格·夏普那样积极地寻找，并热切地扑向它。

　　在你的世界里，与德国雪车舵手腿部受伤等同的事件是什么？什么细小的变化可以等同于"最微小的机会"？潜在客户几乎微不可察的点头？电子表格上数据的趋势走向？历史期末试卷中的题目都选自你学得最好的章节？你在寻找"最微小的机会"和那"一丁点儿运气"吗？不要只是空等着，期盼能有什么重大转机降临。寻找最微小的机会，并在你"嗅到"它们时猛扑上去。

　　人们常常误以为，在当下控制注意力是一件复杂又困难的事。

事实上，在任何特定时刻专注于最重要的事情并为之着迷的能力，是人类与生俱来的，是你已经拥有的，这种能力也会随着你每一次使用而提高。现代社会纷繁复杂、干扰众多，在社交媒体和网络新闻媒体的全天候轰炸下，这个世界营造了一种我们无法控制注意力的氛围。但是，控制想法和注意力是赢得每一次第一场胜利的关键。无论周围发生了什么，你都可以选择在某一时刻重新获得控制权。你把注意力集中在哪里——不论是对你的行为可能导致的后果的想法，还是那些行为本身，只是一种你每时每刻都在做出的选择。你可以把注意力和感官集中在你的选择上，集中在当下最重要或最有帮助的事情上。在每次练习前、游泳比赛的每次预赛前，以及工作日的每次会议前，你都可以通过遵循自己的 C-B-A 流程来赢得下一次的第一场胜利。

几乎每一种人类表现活动都包含一系列投入，即专注与执行的时刻，其间由恢复与准备的时刻分隔。橄榄球就是这样一种活动，5 秒的激烈比拼时刻紧接着 25 秒（有时是几分钟）的反思和准备时刻，接着又是 5 秒的激烈比拼时刻。如果你是进攻锋线球员，在球场上经过一系列比拼希望能让你的球队达阵得分，你的任务就是在每一次开球后赢得第一场胜利，而不论在上一回合比赛中发生了什么，不论之前的进攻赛中你的球队发生了什么，不论上一次你与这个对手比赛时发生了什么。在整场比赛中，这意味着要执行 60 次“投入前惯例”或“开球前惯例”，每一次都能让你获得确信感。

下面是一个多年来我教给几十名橄榄球运动员的"准备－读取－反应"惯例。这一连续性心理"交通工具"包含唤醒信念感的特定"提示"，坚定信念感的特定"呼吸"，以及在开球前将感觉导向正确目标的特定"专注"。

集合——准备

听四分卫的指挥

"看见"指定给我的、需要我来攻击或控制的对手球员

"看见"该回合比赛的结果（获得的码数，或第一次进攻）

拍手喊"准备击破！"

走向进攻线，心里想着我要让你付出代价！

在开球线上——读取

确认散锋，听中锋的召唤，走到站位上时呼气

呼气时检查对方线锋和线卫的位置

发出阻挡口号时呼气，听护锋说话，确认口号

开启周边视觉

看到他（将精力集中在指定给我的对手球员身上）

听到计数

发球计数——反应

在四分卫的喊声中从站位冲出

冰球是另一种由开始和暂停组成的比赛，多个活跃的"投入"时刻之间穿插着停歇时间。第六章中提到的美国国家冰球联盟资深球员丹尼·布里埃，在一场比赛中上场时间总计 15~20 分钟，每次轮换上场大约 45 秒，中间大约 90 秒在替补席上。在这 90 秒的时间里，他会遵循"轮换间惯例"，以带有他个人色彩的 C-B-A 结束。布里埃的惯例——他一回到替补席就会使用的连续性心理"交通工具"——如下：

第 1 步：10 秒——听取教练对于上一次轮换的评论

第 2 步：10 秒——"冲掉"错误，"揉进"成功

第 3 步：30 秒——以 3~5 次深长的呼吸来恢复能量

第 4 步：30 秒——专注比赛，跟随冰球，了解比赛进展

第 5 步：10 秒——燃烧起来！

提示信念："让我们战斗吧！"

呼吸并放松

专注冰上情况——"关注外部世界"

带着"战斗"的信念，身体通过高质量的呼吸而充满活力和放松，并且将感官集中在冰面上，丹尼·布里埃以一种确信状态开始他的下一次轮换。

神经外科医生麦克劳克林在手术全程中，也需要暂停和重新开

始，每一次都需要重申他的自信和能量。就像橄榄球比赛分为四个回合，国际象棋比赛分为开局、中局和残局三个阶段一样，神经外科手术也分成几个步骤，麦克劳克林医生在每一步都遵循着具有他个人特色的C-B-A。他会暂停一下，评估自己处于整场手术中的哪个阶段，然后有意地重申他所谓的"认知主导"，他对于进入手术下一步骤的个人确信感。首先是积极想法提示（C），接着是一个深长的呼吸（B），然后有意地专注于当前手术步骤相关的解剖和设备（A），麦克劳克林通过这一系列步骤来完成"主导"。如果你需要一次性工作几小时，就像麦克劳克林那样（他的最长纪录是18小时），这些短暂的停顿以及常规C-B-A程序可以帮助你保持精力充沛、专注和确信。

面临压力时请坚持惯例

C-B-A 是一个简单的概念，但即使在你最紧张、最艰难的时候它也管用。要让它对你起效，你只需要知道，在你面对现实的时刻，在你能做的所有选择中，选择以自信的头脑、放松的身体和专注的感觉来行动，总是能带给你最佳机会。你的表现越重要，将你自己从担心、怀疑、恐惧或任何可能影响你尽自己所能的因素中摆脱出来，就越发重要。我们通常会误以为，某件事越"重要"，我们就应该越仔细、越谨慎、越"深思熟虑"。但正如本章所述，关于高绩效的客观神经科学，以及人们在高绩效时刻的主观体验，都反对过度思考，并支持一种以任务为中心的知情本能状态，在这种状态下，你知道你在做什么，因为你已有足够的练习，在做这件事时是相对自动化或无意识的。

使大多数人脱离他们所期望的知情本能状态的是他们对"压力"的误解。我们都听过这样的说法："压力造就钻石""杀不死我们的，只会让我们更强大""当你像溺水者渴望空气一样渴望成功，你就会获得成功"。多少次有人告诉你，你必须比其他人更想要获得胜利、晋升或成功？你听过多少次这样的说法：如果某件事对你足够重要，你终会找到实现它的方法？我们生活在一个以成就为导向的世界里，它不停地鼓励我们，直白地或隐晦地，让我们给自己施加更多的压力，让我们更"想得到"，让我们把高度的个人紧迫感和重要性注入日常任务中，尤其是关键表现中。

让我为你提供另一种视角。压力确实能"造就钻石"，但是，一旦把钻石制造出来，就是时候让它大放光芒了，此时你需要小心翼翼地把它放在一个可以展现出它的美丽的地方。你肯定不会再挤压它了。它永远都是那么美丽，所以不要管它了，就让它闪耀吧。高强度训练确实会让你更强壮，但当你展示力量时，你不想处在疲劳、分心或受影响的状态下。溺水的人当然需要空气，但一旦他的头露出水面，得到一点空气，他便可以不用如此费力地呼吸了。如果他上岸后还继续过度换气，他血液中的二氧化碳含量可能会降低，导致为大脑供血的血管收缩，然后他可能会晕倒。如果运用得当，"压力"确实可以帮助你在运动、手艺或职业方面有所进步。这就是训练和练习的意义所在，要承受这种压力，并督促自己不断加强技能，你确实必须非常"想得到"。但是，当准备工作结束，到了表现的时间时，给自己施加压力，执着于一定要做好，那么"非常想得到"会成为你的绊脚石。为什么？因为这会：消耗你的认知资源，让你很难注意到"竞技场"上正在发生什么；开启忧虑（"如果我没能……"）；让你的情绪过度紧绷，导致不利的肌肉紧张。自主神经系统的自然运作会产生你所需的所有能量和专注力（这就是它的作用），因此你不需要给自己的表现"注入"太多重要性，以此让自己保持在成功的循环中，并赢得第一场胜利。"这是我大展拳脚／赢得大赛／搞定大客户／享受美好时光的机会"的想法远比"这非常重要／机不可失，失不再来／一定要做到完美"的想法对你更有益。

如果你夸大或高估了你正在做的事情的重要性，你会发现你的唤醒水平很可能有上升的风险，而且很可能会超出你身体的自然水平。唤醒水平上升会导致紧张，而紧张会影响你的表现。也许你所取得的最重要的第一场胜利，就是战胜太过重视你所做之事、过度关注后果从而损害此刻执行能力的倾向。当然，比赛很重要，采访、会面、谈判、音乐会和手术都很重要。但是，要想在重要的事情上取得成功，秘诀是不要过度看重其重要性。这实际上意味着淡化一场表现的重要性，从"这就是我如此努力或做出这么大牺牲的原因"的想法中后退一步，减轻自己的压力。摔跤手海伦·马洛利斯在美国时尚杂志 Vogue 网站上的视频《 奥运会摔跤手海伦·马洛利斯：像女孩一样格斗 》中说得很好——"实际上，我在比赛前几乎不得不放弃梦想，以便自由地尽我最大所能来摔跤"，这就是为什么她在比赛前"哼着我所知道的最积极、最快乐的歌"。神经外科医生麦克劳克林在进行艰难、漫长的手术时，会回忆他的导师、神经外科大师彼得·詹尼塔在进行最棘手、最危险的手术时一直轻声哼唱，通过这样的回忆来让自己重新进入高效状态。据传，棒球名人堂主教练凯西·斯坦格尔会叫暂停，然后走到投手丘，平静地提醒紧张的投手"中国的 5 亿人根本不在乎在这场球赛中会发生什么"，让他从激动的情绪中恢复平静（比如刚刚满垒）。无论这是真事还是只是一个传说，其中的寓意都值得回味：你是否对自己的赢或输、成功或失败过于紧张，以至于你很难真正发挥或接近自己的巅峰能力？斯坦格尔总是可以帮助紧张又焦虑的投手按下暂停键，"集中精神"，深呼吸恢复平静，然后将注意力集中在接球手的手套和投掷上。你也可以。即使你多年来每天都花好几小时在提升运动、手艺或职业上，即使你的表现对你和你的家庭有重大影响，你也可以正确看待它的重要性。如何做到正确看待呢？就是承认这样做会带给你最好的机会。

但如果真的很重要呢？

你的表现越重要，将你自己从担忧、怀疑、恐惧以及任何会阻止你发挥最佳水平的因素中解脱出来，就越发重要。此时，你就确实需要退后一步，不再去考虑你的表现带来的结果，因为你越关注这些，你的注意力就越分散，你当下的力量就越弱。这就是为什么对救护车司机、警察、消防队员、军人以及世界级职业运动员来说，内化如 C-B-A 这样的心理惯例很重要，它可以帮助他们打开心理银行账户，找到确信感。我们通常误以为，某件事越"重要"，我们就应该越仔细、越谨慎、越"深思熟虑"。但正如本章所述，关于高绩效的客观神经科学，以及人们在高绩效时刻的主观体验，都反对过度思考，并支持一种以任务为中心的知情（你知道你在做什么）本能（在做这件事时相对"自动化或无意识"）状态。不要浪费时间在仔细、谨慎、"深思熟虑"的准备工作上，这样你才能在表现时无拘无束（但不粗心大意）、坚决果断，以及适当地"不考虑过多"。

小结

还记得第一章开头提到的金妮·史蒂文斯吗？这位中层主管猝不及防地接到老板在最后一秒给出的指示，要她向一屋子公司副总裁作报告。如果当时她有自己熟悉的 C-B-A 惯例（现在她有了），也许她就不会那么恐慌，而是可以对预料之外的工作做出更好的反应。此时她的 C-B-A 可能是什么样的呢？

提示：

我对这个产品很了解。保持冷静和清醒。

呼吸：

呼气收紧腹肌，吸气打开肋骨；呼气，放下肩膀，吸气，充满感激之情；呼气……

专注：

扫视房间，微笑，眼神接触。

如今，当金妮·史蒂文斯在工作中进行任务间的转换时，会使用各种形式的 C-B-A，来帮助自己从容地一次赢得一个小的第一场胜利。利用自我觉察和自我控制的天生能力，我们每个人都可以这么做：认识到自己是否处于能够发挥最佳水平的正确心理状态中，控制并调整你的想法、感受和感官，再一次赢得第一场胜利。

第 9 章

赢得下一次第一场胜利：

反思、计划和承诺——什么事？

那又如何？现在如何？

千里之行，九百九十九里只是一半。

——大岛勤

结束了。

终场哨响了。比赛结束了，你正要离开赛场。

掌声渐渐消失。音乐会结束了，你正要离开舞台。

一天的工作结束了，你正要离开办公室。

等一下……还没结束。如果你想赢得下一次第一场胜利，并在下一个机会中好好表现，那么有些重要的事情你还没有做，即对你刚刚表现的准备和执行情况进行真实的评估，用军事术语来说就是行动后回顾（After Action Review，AAR）。当你进行了个人行动后回顾并有所收获之后，刚刚结束的比赛、音乐会或工作才算真正结束。本章将带领你完成有效行动后回顾的所有步骤，这样你就可以提炼出上一次表现的最大价值，以充分的自信迎接下一个机会。别担心，这并非难事，你可以等到换下队服，回到家之后再做。你会很高兴自己做了这件事，因为诚实地审视自己可以为你的心理银行账户增加一笔存款。

　　有效的行动后回顾包含三个步骤，围绕以下三个问题：（1）什么事？表现中实际发生了什么？（2）那又如何？你能从这些事中总结出什么？（3）现在如何？现在你已得出了结论，那么你打算继续做什么、开始做什么，或者停止做什么来确保下一次的出色表现。我们很容易敷衍了事或直接跳过这些步骤。我们处于一个充满紧迫感的社会，而且我们常常"超速行驶"——比赛、测试或谈判一旦结束，我们就急于"跳入"下一场，而不去反思我们刚刚做了什么，可能能从中学到什么，以及我们想做出什么改变。我曾建议数百名西点军校学员遵循一个简单的流程来准备、执行和评估他们的各种学术论文、项目以及期中和期末考试。猜猜整个流程中的哪个部分会被跳过？没错，就是评估部分——仔细检查测试或项目中哪些地方得分、哪些地方丢分，以及考试可以揭示他们什么样的学习习惯。不要跳过这些步骤。当你的心理银行账户存款增加，获得确信感时，你终会感谢自己。

第一步　发生了什么？

　　有效的个人（团队）行动后回顾的第一步是对真实发生的事进行客观冷静、不加判断的评估，从总体评估（对执行力和自信心的全面评估）开始，再到具体评估（处于最佳状态和最差状态的特定时刻）。听起来似乎简单易懂，但需要一定的诚实度，而这也是很多人所回避的。此时你既要做严厉的批评者，也要做自己最好的朋友。两者都可以提供重要帮助，尽管方式不同。

以下是在实施行动后回顾的"发生了什么"部分时，我与一名来访者一起思考的问题。你可以以这些问题为指导来梳理真实发生的事情，可以对其进行适当的改编，以适应不同的运动、职业或其他方面。

1. 结果如何？你这场表现的得分、成绩或效果如何？虽然我不认同"胜利即唯一"的观点（我也不认同说这句话的文斯·隆巴迪，我认为他严重曲解了胜利的重要性），但我完全明白结果很重要。

2. 你执行得如何？不带偏见地回顾你的"执行方式"。中立观察者或摄像机可能会记录下什么？

3. 你在多大程度上保持了正确的心态？总的来说，你是带着自信，并且以适当程度的冷静和急迫来表现的吗？总的来说，你赢得了第一场胜利吗？

4. 在表现过程中，你的C-B-A惯例执行得如何？你赢了多少次小的第一场胜利？有多少时间你全然投入当下，并以知情本能状态来执行？

5. 你在哪里脱离了这种投入当下的自信状态？当你脱离状态时，你会迅速把自己拉回来，还是任由自己脱离？

6. 在表现的哪个部分，你觉得自己真正"在状态中"？

7. 你的高光时刻在哪里？如果摄像机能捕捉到这场表现的每一分每一秒，我们可以剪辑出哪些瞬间来制作一段美国娱乐与体育电视台风格的"精彩片段"？将这些片段放进你的心理过滤器，从中挖掘出价值连城的"金块"，例如，打得最好的 5 个球、3 个表现最好的瞬间，等等。这些便是你创建心理银行账户的基石！

8. 你最想挽回的时刻是什么？你搞砸的那个瞬间、犯下的最明显的错误。客观地看待它，承认它，然后原谅自己只是不完美的凡人。一旦你从中学到了应学的教训，这一刻就没有任何意义了，你可以让它"消失"。

在执行该部分的行动后回顾时，你还需要一种平衡——在自我仁慈和自我批评中找到平衡。这种平衡绝不是五五开的——会随着情况而变。如果你正在回顾失误、糟糕的成绩或其他方面的不佳表现，你就需要把天平往自我仁慈的方向倾斜——此时正是你最需要它，但又最不可能对自己仁慈的时候。这并不意味着要你忽视错误和不完美——远非如此。你也会看到这些错误和不完美，但并不是将所有注意力都放在它们身上（虽然很容易这样做），你要花更多时间仔细回忆在这一事件中发生的任何微小成功。你需要选择性地感知"宝藏"，而不是这些更容易识别的"垃圾"。如果以数据来表示，你应该花 80% 的时间来回顾"宝藏"，20% 的时间来回顾"垃圾"。千万不要认为花费在"垃圾"上的这 20% 的时间或精力不够用。这足够了，此时你的心理过滤器必须真正发挥作用，以此保护心理银行账户。正如本书所强调的，利用你的自由意志来专注于对你渴望得到的事物的想法和记忆，而不是你想要避免的或害怕的东西，这是建立和保持自信的关键过程。不幸的是，我们习惯于只做自我批评，尤其是在表现不佳或努力失败后。这通常会让情况变得更糟，而不是更好。

反之亦然，当回顾胜利的经历或总体成功的表现（我希望你能有很多这种经历）时，就应该谨记武士格言"居安思危"。胜利之后，你自然会处于一种积极的情绪状态中，因此可以稍微调整一下自我反思平衡，将自我批评的成分从 20% 提升到 40%。你仍然能享受到成功的快乐（理应如此——这是你应得的），但很重要的一点是，在胜利之后，要控制稍微放松自己的人性倾向。

无论你回顾的是伟大的胜利还是惨痛的失败，行动后回顾的"发生了什么"部分总是会让你牢牢记住那些闪耀时刻和精彩瞬间，努力、成功和进步之时，这些都为你的心理银行账户打下了坚实的基础。但这需要自律！这就是第 2 章中所讲的"过滤"技术的用途所在。如果通过"发生了什么"部分的检查，你没有获得哪怕一点点的目标感和力量感，你的"经验"就无法让你进步。利用宝贵的人类自由意志来识别高光时刻并为其感到自豪，从每一段经历中得到收获。创建你的心理银行账户！

第二步 这一切告诉了你什么？

希腊哲学家苏格拉底说过："未经审视的人生不值得度过。"现在，是时候进入更深层次的自我审视了，你可以更好地理解在第一步中确认的所有事实和事件。你刚刚走出球场、手术室或从办公室回到家。你诚实地审视了自己的成就和挫折。现在更仔细地检查这些数据……

（1）作为一名表现者，现在这些信息告诉了你什么？这次表现揭示了你的什么优势或短板？

（2）你现在知道了什么，而在这场比赛、这场音乐会或这次演讲之前你是不可能知道的？

（3）我最喜欢的两个"那又如何"问题……这次表现教会了你什么？或者你能从这次表现中学到什么？

你从这些问题中得到的每个回答都有巨大的价值。它们表明了你的"比赛"中稳妥可靠的部分，也表明了需要多加关注的部分。在回答这些问题时，一位在回顾上一场比赛的四分卫可能会告诉我："我知道我能击中外返路线……我知道我们可以在落后两分的情况下扳回一局……我知道当我看到特定防守时，我必须更快地把球传出去。"一位在回顾上一场锦标赛的高尔夫球手可能会告诉我："我几乎可以准确地阅读任何果岭……我仍然讨厌在风大的环境下打球……劈起击球是我比赛中最薄弱的部分。"一位在回顾2020年新冠疫情期间的表现的高管可能告诉我："我很好地处理了办公室的网络问题……我知道即使是远程操作，我们仍然可以为客户提供良好的服务……我知道现在我必须给自己额外的关照。"

这些是助你成长为一名优秀表现者的原材料。它们会提醒你哪些事情你需要继续，让你思考哪些事情你需要开始，甚至可能会告诉你哪些事情你需要停止。当知道了这些，现在你便能更真实地了解你需要做什么来改进，或为下一场比赛、演讲或第二天的工作做准备。在下一场比赛之前，你是否需要一些练习来改善你发现的弱点？在下一次演讲或会议之前，你是否需要针对一些主题做研究或学习？你是否需要更勤奋地做一些自信训练（例如，想象、获得最终发言权和C-B-A练习）。当在思想上做好准备后，第三步就简单多了。

第三步　现在你打算怎么做？

你知道在上一次表现中发生了什么，你也从中吸取了教训。现在你打算利用你学到的东西来做什么？我希望是三件事。

第一，将从第二步学到的东西以陈述句、第一人称、现在时以及积极表达的方式表述出来，就像第 3 章中阐述的那样。对于四分卫来说，它可以表述为：*我每次都能击中外返路线……我们克服了所有劣势最终获胜……面对任何防守，我都能及时接到球*。对于高尔夫球手来说，可以表述为：*我能准确阅读每一个果岭……在刮风的情况下我能坚持打球……我的劈起击球技术一周比一周进步*。对于高管来说，可以表述为：*我很好地处理了办公室的网络问题……在任何情况下，我们都能很好地为客户服务……我首先照顾好自己，才能照顾别人*。这些是你对这一天的肯定陈述，现在你可以利用这些来创建心理银行账户。

第二，开始努力。做你所需要的练习，阅读你所需要的调查资料，学习你所需要学习的章节，为下一次表现做好准备。无论你是有一整周的时间准备下一场比赛，还是只有一个晚上在家为第二天的工作做准备，你都要利用这段时间去做最重要的事情（包括睡个好觉）。无论你付出了哪些努力，你都要使用第 2 章中介绍的"即时进展回顾"技术——锁定你做得最好的练习的记忆，让自己获得进步的感觉，确确实实感受到每一篇文章、每一个章节或每一份报告让你有所进展。你付出的努力很重要，但你从中所获得的东西，以及你在完成任务后对自己的感觉也至关重要！请继续创建你的心理银行账户。

第三，想象下一次表现时你想要获得的成功。行动后回顾的最后一个部分就是致力于你的成功——明天、下周，以及对你个人来说等同于超级碗或奥运会的、期待已久的重要表现。为了在生活中获得更多成功和满足感，你仔细思考了什么事、那又如何、现在如何的问题。回到你在第四章的指导下创建的私人房间，花一两分钟的时间去看、去听、去感受自己正在经历的成功：赢得下一场比赛，获得下一个客户，在艰难的对话或谈判中大获全胜。这样做能为你今后的生活带去更大的意义感、更清晰的目标感，以及令人愉快的"力量感"。而这是一次宝贵的第一场胜利。

尾声

公交车司机、上将与你

公交车司机

在弗吉尼亚大学攻读博士学位快结束时，我参加了在路易斯安那州新奥尔良举行的一次全美会议。和大多数研究生一样，我会参加会议做学术报告，与其他学生建立人脉，四处投简历希望在获得学位后找到工作。此外，和大多数研究生一样，我那时没有很多钱，这意味着我没法住在举办会议的豪华会议中心。幸运的是，我有一个新奥尔良的朋友，他很乐意为我提供那两天的住宿，所以除了演讲、社交和投递简历之外，我还和这位"当地导游"一起享受了新奥尔良的美食和夜生活。

但我对那次旅行最美好的记忆，并不是那次会议，也不是和朋友一起享用什锦饭和波旁威士忌的美好时光，而是我从朋友家坐公交车去参加会议的路上，或者更确切地说，是那辆公交车的司机。在举行会议的那天早上，我正在等待能把我送到市中心的会议中心的公交车，那是个平常的日子，我并未期待会发生什么出人意料或难忘的事情。但当我上公交车时，司机像个失散多年的战友一样同我打招呼。"早上好！"他大声说，脸上绽开笑容。"你好啊！很高兴见到你！"我对南方人的热情好客并不陌生，但即使对热情的新奥尔良人来说，这个人也似乎友好得有点过分了。我找了一个座位坐下，拿出我要批改的学期论文文件夹，但3分钟后下一站到了，又有两名乘客上了车，这位司机又以同样的方式同他们打招呼："早上好！你好啊！很高兴见到你！"又过了3分钟，到下一站依旧如此："早上好！你好啊！很高兴见到你！"这家伙今天早上是不是喝了太多咖啡？过了一会儿，3个学生上了公交车，他们也收到了热情但严厉的问候："作业写完了吗？没写完可别想上我的车。"孩子们笑着点头。我想他们已经习惯了这种待遇。

虽然司机的问候很有趣，但当公交车驶上一条更宽的街道并开始加速时，那难忘的时刻到来了。司机抬头看着后视镜，带着和每个人打招呼时一样的灿烂笑容，向全车人宣布："大家早上好啊！新奥尔良今天的天气可真好！希望你们今天都能过得愉快。如果你过得很糟糕，那就改变想法！让今天变成愉快的一天！"

那句简单的"改变想法"直接击中了我。我是一名正在攻读人类行为心理学博士学位的研究生，而这位公交车司机刚刚教会了我一些宝贵的东西，就像我在教科书或学术期刊上读到的任何的东西一样有价值——如果你过得很糟糕，那就改变想法！让今天变成愉快的一天！30多年过去了，那个声音仍然在我耳边回响。

想想你多常使用"改变想法"这句话，想想这句话的真正含义。有多少次你听到别人说"我改变想法了"？有多少次你"改变了想法"并决定，例如，午餐时点沙拉而不是三明治，或者选择穿一双并非你最初所选的鞋子？面对现实吧，你每天都要"改变想法"几十次甚至上百次。但是你会按照公交司机的建议去改变想法吗？你是否会把"好多事等着我去做，而且都好难"的想法转变为"让我看看我能做多少"或"我很高兴能一次性把这些事情解决掉"。你是否会把"该死，我们好像没法赢过他们"的想法转变为"让我们接着对付他们，看他们敢不敢阻挡我们"。当你按照公交车司机的建议"改变想法"时，你就走出了想法－表现相互作用的下水道循环，踏入了成功循环。你赢得了第一场胜利。

有一段时间，我有点不好意思向自己承认，也许那个公交车司机比我更了解自信和成功的心理学，也比我更能帮助别人。但后来我改变了想法。我想，每天早上在那条新奥尔良公交线路上的乘客都能得到他愉快的问候，那些学生每天都能得到关于家庭作业的提醒，这多棒啊！当2005年卡特里娜飓风袭击新奥尔良时，在我认识他至少15年之后，我想，当城市被洪水淹没时，那个我不知道名字、但永远不会忘记的公交车司机，有多大可能帮助人们到达安全地带。我想象着他在被改造成紧急避难所的超级圆顶体育馆分发瓶装水，或者把事故受害者安全地送上救护车，同时鼓励每个人将绝望的想法转变为希望，在最艰难的时刻赢得第一场胜利。这个故事的寓意是：赢得第一场胜利并不需要心理学研究生学位，只需要愿意改变想法。

上将

在西点军校工作的那些年里，我有幸与十几位美国陆军将军会面、交谈，并向他们做正式的信息简报，他们每一个人都卓尔不群。要成为将军，你必须具备干劲、智慧、远见以及与他人沟通的能力。但在我见过的所有将军中，有一位最为突出——罗伯特·B.布朗上将（已退役）。他的头衔"上将"有特殊意义，意味着他是一名四星上将，这是美国陆军中最高的军衔。美国陆军中有一星、二星、三星将军，但在整个军队中四星上将只有 12 人。就是这 12 位四星上将，指挥着超过 100 万名现役、预备役和国民警卫队士兵。

布朗上将是美国历史上的第 212 位四星上将，第一位是乔治·华盛顿。想想和这个国家的第一任总统拥有同样的军衔意味着什么。他是一位真正的精英。

我第一次见到布朗将军是在 2003 年春天，当时他邀请我和我的同事格雷格·伯贝罗到华盛顿的刘易斯堡，为他指挥的第 25 步兵师新斯崔克旅战斗小组的军官和士官进行绩效心理训练。这是陆军战术部队首次接受这样的训练，但这并不是罗伯特·布朗第一次接触运动心理学。从他还是密歇根高中篮球明星时起，罗伯特·布朗就一直是视觉化和目标设定的"信徒"。在西点军校，他为传奇教练迈克·沙舍夫斯基效力，他认识到强大的信念、坚持和韧性可以改变人们的日常生活，不仅是球场上的表现，而且是一个人所做的一切。1988年，布朗以上尉的身份回到西点军校，在军训部任教。他很快被选入西点军校新成立的"绩效增强中心"担任教练，这是美国首家指定的运动心理训练机构。在那里，他协助创建了一门领导力技能课程。当他离开西点军校，继续职业生涯，担任越来越具有挑战性和重要性的领导职位时，他始终将这门课谨记于心，并将其付诸实践。"我在西点军校学到的坚韧精神，我每天，在每一份工作、每一次部署中都用上了。"他回忆说，指的是在他当军官的38年中。

当我为写这本书采访布朗将军时，我请他和我分享他"最自信的时刻"，一个他的自信受到考验的时刻，一个他必须赢得重要的第一场胜利的时刻。我知道布朗在两次被派往伊拉克的行动中见识了太多，因此我期待着听到"战场故事"，就像我从汤姆·亨德里克斯、罗布·斯沃特伍德和斯托尼·波蒂斯那里听到的那样。但布朗将军与我分享的不是一个"时刻"，而是更大、更广泛、更重要的东西。

　　那是 2004 年 12 月，伊拉克摩苏尔市每周都会发生 300 多起"事件"——汽车炸弹、简易爆炸装置和自杀式炸弹每天都在夺走平民的生命。布朗上校（他当时的军衔）和他的部队的任务是确保第一次民主选举的成功，考虑到基地组织的残暴叛乱，这是一项不轻的任务。布朗上校通过与伊拉克部队密切合作，实施包括欺骗性行动和在整个地区广泛协调的全面计划，完成了这项任务。他们向伊拉克政府内部可疑的基地组织成员泄露假投票站的位置。最终 80% 的民众参与了投票，没有一个投票站发生"事件"。但在这次成功之前，基地组织试图尽一切可能击败伊拉克和美国军队，他们从沙特阿拉伯招募了一名自杀式炸弹袭击者，让他加入伊拉克军队。2004 年 12 月 21 日，在一个挤满美国和伊拉克士兵的食堂里，那个炸弹手引爆了他的自杀式背心。22 人被杀，100 多人受伤。爆炸发生时，布朗离爆炸地点只有 6 米，如果引爆者在爆炸前站起来，而不是坐在桌子旁，布朗可能就活不到今天了。事实上，22 名伤亡人员中有 6 名是他麾下的美国士兵，布朗说那是"我一生中最糟糕的一天"。

　　但是，尽管那次袭击极其恐怖，布朗上校和他的士兵当晚还必须外出执行任务，而且在接下来的几个月里，他们必须继续执行最复杂、最苛刻的任务。在那几个月里，为了让自己坚持下去，布朗付出了有意、持续的努力来每次赢得一个小小的第一场胜利。回想起自杀式炸弹袭击后的那几个月，他对我说："信心需要练习。""只要迈出第一步，想象一次完成一项任务，我们就能把摩苏尔的'事件'从每周 300 起减少到每周 2 起。"

"信心"确实需要"练习"。对自己或团队的信心就像一道突然打下的光束一般降临，仿佛动画电影中得到某个仙女教母的祝福，这种观念不过是安慰人的谎言。如果你认同这个观点，你就只能傻等奇迹的到来，并纳闷为什么事情从来没有按照你的想法发展。正如上将所指出的，事实是，信心是一项长期事业，需要练习、练习、再练习。即使这个世界发生了太多糟糕的事，即使你内心深处尖叫着想要放弃，你也要坚持练习。这个故事的寓意：赢得第一场胜利是一项长期事业。这是一个需要你不断培养和练习的习惯，即使在"你生命中最糟糕的日子"里。

你！

现在是决定时间……你愿意像公交车司机建议的那样改变想法吗？你愿意像上将建议的那样，每天、每小时，在任何情况下都这样做吗？如果你愿意，那么对于生活中任何你在乎的部分，你现在就能比以往任何时候都更自信，并且你可以每天都获得更多自信，无论发生什么。你的意愿，以及本书中介绍的工具就是你所需要的全部。

胜兵先胜而后求战，败兵先战而后求胜。

——《孙子兵法》

你会成为哪种"士兵"？

选择权就在你自己手上。

附录 1

表现想象脚本样例

原为亚历山德拉·罗斯——世界级田径运动员所准备

读者提示：这一脚本包含两个部分：建立自信的想象，以及准备与执行特定事件的想象。虽然这一脚本是为一个人所写，用于在美国奥运会田径预选赛上赢得她的第一场胜利，但它几乎可以针对任何表现者和情景进行修改。

我做到了，我坚持到了预选赛前的最后几个月……整个冬天我的训练进展得很不错，在 800 米和 1000 米中都跑出了令人难以置信的速度……一路走来，我付出了许多代价，也赢得了来到这里的权利……现在我已经准备好去追求我的梦想——作为一名美国奥运选手去参加悉尼奥运会……去挑战世界上最好的跑者……我将在萨克拉门托完成最后一击……今年是我的幸运年……

我知道这需要强大的意志力……我的态度和思维方式将是成功的关键……所以现在，从这里开始，我要让自己像冠军一样思考和感受，完全相信我能跑出 1 分 56 秒的成绩……

我知道作为顶尖选手的一员会有些不同，我面对的每一个人都很优秀……但这只会让我感到兴奋，因为我能展示出我有多优秀，以及当机会降临时我能做什么……我知道我能打败这个国家的任何人……还记得亚特兰大吗，总决赛中至少有两名选手因不够强悍而被淘汰，无法为胜利而战……那天的我足够强大……

从现在开始，我要增强职业道德、驱动力、动机以及得到第一的欲望……我意识到我不能每天习惯性地工作，而是应该每天都带着目标来练习……如果我不保持热情，一切就会开始冷却……

从现在开始，每当我想到赛跑，我就会想到跑得非常棒……我承认世界上最好的跑者也会犯错误——但他们不会为此烦恼……优秀的跑者都知道，成功的比赛在于如何处理错误，而不是做到完美……即使犯错也能跑得很好……只有当我们对错误反应过度时，才会出问题……关于如何处理糟糕的情况我已经学习了很多，而且现在的我比一年前进步了很多……所以，我要保持良好的态度，在两场比赛之间、两次练习之间、每个间歇之间都对自己充满自信……

从现在开始，每次踏上赛道我都要全力以赴……每次踏上赛道，我都会带着最好、最专注的态度：完全自信、完全专注、完全确定……我在热身和赛前保持良好的心态，全身心投入世界级比赛的乐趣、机会、挑战和兴奋之中……

我知道我能保持速度，我知道我能赢……

从现在开始，我承认减轻自己的压力比增加压力能让我跑得更好……因此我屏蔽了"我必须""我应该""我理应"这样的词汇……相反，我只是想，我将全力以赴，没有任何东西可以阻止我……我知道我不需要完美的训练来做到完美的赛跑……事实上，我非常棒，甚至在病了几周后我也能跑出很好的成绩……

从现在开始，我承诺远离任何想要谈论糟糕的表现、糟糕的天气或一切是多么不公平的人，包括所谓的朋友……我的态度是享受比赛，享受世界一流水平的比赛带来的挑战……

从现在开始，我承诺要明智地赛跑……这意味着无论情况如何，我都一心想着赢得下一段距离……这意味着在赛道上我能控制自己的思想，完全相信自己能控制好速度……明智的赛跑意味着保持简单……

从现在开始，我承诺每天都建立自信……我知道自信取决于我的想法、我的行为，以及我在赛道上的表现……这意味着我有意地把注意力集中在创造能量、乐观和热情的想法和记忆上……比如在北卡罗来纳青少年奥运会的接力赛上，我追上了他们所有人，赢得了全国冠军……比如我追上了那个维拉诺瓦女孩，赢得了大东区比赛，或那次我追上了来自詹姆斯麦迪逊大学的女孩……我想起高中时获得了 5 次州冠军……想起即使肌腱拉伤，我还是打败了杰米·道格拉斯……想起在波士顿 1000 米赛跑中，我超过米歇尔 400 米……我知道我有坚实的训练基础和极大的耐心……我的速度足以打败任何人……我所要做的就是相信自己……我越专注于这些优点和品质，我就越觉得自己强大，也就越准备好打败所有人……

这样一来，我比以往任何时候都更加兴奋，在下一场大型比赛中我将有机会跑出 1 分 56 秒的成绩……我会尽一切力量，让我相信自己的速度，就像我相信自己的力量和韧性一样。

我至少在比赛前 90 分钟到达赛场……像往常一样，我被眼前的狂欢景象逗乐了——运动员穿着不同颜色的运动服，伸展着身体，迈着大步，各种不同的声音混杂在一起……像往常一样，我感受到了比赛日肾上腺素美妙的飙升……我感觉它充满我的胃、心脏和腿，这是我的身体进入全新的生化状态的信号……我笑了……所有能量开始在我体内流动，让我准备好更上一层楼……我知道其他选手也开始紧张了，但他们希望这种紧张和不安消失……但我不会，我知道它们是力量的信号……我一直在等待它们，期待它们的到来……现在它们来了，我很喜欢这种感觉……我今天的目标就是破釜沉舟地比赛……任何事都无法阻止我抛开恐惧，全然信任我接受的所有训练，全力以赴……

我拿到号码牌，查看分组名单，评估竞争对手……这些人的名字大多都很熟悉，我开始思考如何击败他们，并将这些策略深深印在脑海中……我转身背对裁判，一一消除所有质疑因素……我知道我能赢……

现在我开始在热身区进行轻松的拉伸……我脱下鞋子，拉伸腿部、臀部和背部……我微笑着与周围的朋友和训练伙伴交谈……其他选手过来了……我和他们友好而自在地共处……就像我一样，他们热爱赛跑和获胜……少数几个我不喜欢的选手，我可以轻易忽略他们……

在比赛前的 60 分钟，我开始热身跑，以缓慢的速度跑 10 分钟或 15 分钟，足以让我出一身汗，让我放松下来……当我以舒适的步调奔跑时，我在脑海中看到了这场比赛，听到了分段耗时的播报。我的腿感觉又放松又温暖，我准备好爆发，准备好获胜了……

还有 45 分钟，我找到一个安静的地方，进入自己的小世界，以真正的专注和真正的强度拉伸……我想着这是多么有趣的比赛，我在这里是多么幸运，有机会发挥我的全力……当我深呼吸放松时，每块肌肉都在拉长和放松……在脑海中，我看到了我正在使用策略，感觉自己以完美的状态奔向最后 200 米，在最后一段超过所有其他选手……

现在离比赛时间还有 25 分钟，当我深呼吸时，我感到很兴奋……我开始做踢臀跑、高抬腿和提膝运动……当我快步走到热身区的边界时，我感到注意力在逐渐集中……如果我的肩膀觉得紧张，我就伸展一下……又快速又强大就是我此时的感觉……

现在还有 15 分钟，是时候穿上钉鞋了……当我系鞋带时，我的心率加快了，注意力更集中了……我与裁判确认并戴上号码牌……是时候开始大踏步了……当我迈步时，我感觉到流畅、放松而有力……我喜欢这种感觉……在我的脑海中，我正一个接一个地超越对手，在比赛最后 200 米中无人能敌……

现在还有 10 分钟，我快速地抬起膝盖……我从来没有感觉这么好、这么强大、这么快速、准备得如此充分……只需要再等一会儿……现在我在剩下的 5 分钟里踱步、放松，想着我要达到的目标，不论他们何时叫我，我都做好了准备……

在围栏中，我让身体保持放松……所有的工作都完成了……这就是我在这里的原因……我迫不及待地想给爸爸打电话，告诉他我做得有多棒……我一直穿着运动服，直到最后一分钟，在走上赛道之前才脱下……当我的脚触碰赛道地面时，我想，太棒了！这就是我热爱的！……我来回踱步，直到终于听到……“800 米比赛即将开始，所有选手请到起跑线”……太棒了！现在我要开始跑步了，我终于能享受奔跑的乐趣了！……我只感受到了渴望、兴奋和自信，我知道了自己的跑道，我走过去看看在超过其他选手时可以采用的路线……我想，快速起跑！想象自己在这条跑道上有一个很棒的开始……我感到热切、准备充分和全然的快乐……“预备”……当我右脚踏出时，我的脑子一片空白……嘣！

　　我奋力跑出去，完美地超越其他人，紧跟在领先者身后……现在我开始稳步跑，调整呼吸并放松……紧紧跟在领先者身后……呼吸，迈步，放松……呼吸，迈步，放松……呼吸，迈步，放松……第一个 200 米我的成绩是 29 秒 30，"太棒了，正中目标"……我可以以这个速度永远奔跑下去……我只是顺其自然地奔跑、奔跑……大口呼吸，放松手臂，放松并享受整个过程，放松并享受……400 米的成绩是 58 秒，依旧在计划之中……现在赛跑真正开始了……我感到其他选手已经力不从心，但我依旧紧紧跟着领先者，目视前方，头部保持不动，只是用尽全力奔跑……不论她怎么奔跑，我一直紧跟其后，保持着稳定的间隔……这是我所热爱的，这是我来此的目的，这是感受速度和力量的机会……600 米的成绩是 1 分 27 秒，我从未感觉如此有活力，如此有力量……我与领先者的间隔正是我想要的……距终点还有 150 米的时候，我开始发挥出真正的实力……流畅而快速地提升速度……放松手臂，呼吸炽热……我火力全开，比以往任何时候跑得都快……我完全被快乐和速度所吞噬，我的脚几乎飞离跑道……我奋力冲过终点线，以 1 分 56 秒的成绩赢得了胜利……是的！我做到了！

　　这是我的选择，是我的热爱……与最优秀的人对抗并掌控全局……感受那股只能来自高质量竞争的冲动……如果我真的热爱它，就意味着我必须爱它的全部，而不是仅当事情如我所愿的时候……有时它似乎非常困难，但如果不难，那任何人都能做到……当遇到困难时，我就提醒自己我热爱它……当比赛临近，我会完全准备好竭尽全力，发挥出最大速度……当我决定之后任何事情都无法阻止我！……今年是我的幸运年！

附录 2

行动后回顾工作表

第一步：发生了什么？

结果如何？你这场表现的得分、成绩或效果如何？

你执行得如何？不带偏见地回顾你的"执行方式"。中立观察者或摄像机可能会记录下什么？

你在多大程度上保持了正确的心态？总的来说，你是带着自信，并且以适当程度的冷静和急迫来表现的吗？总的来说，你赢得了第一场胜利吗？

在表现过程中，你的 C-B-A 惯例执行得如何？你赢了多少次小的第一场胜利？有多少时间你全然投入当下，并以知情本能状态来执行？

你在哪里脱离了这种投入当下的自信状态？当你脱离状态时，

你会迅速把自己拉回来，还是任由自己脱离？

在表现的哪个部分，你觉得自己真正"在状态中"？

你的高光时刻在哪里？如果摄像机能捕捉到这场表现的每一分每一秒，我们可以剪辑出哪些瞬间来制作一段美国娱乐与体育电视台风格的"精彩片段"？

你最想挽回的时刻是什么？你搞砸的那个瞬间、犯的最明显的错误。客观地看待它，承认它，然后原谅自己只是不完美的凡人。

第二步：这一切告诉了你什么？

作为一名表现者，现在这些信息告诉了你什么？这次表现揭示了你的什么优势或短板？

你现在知道了什么，而在这场比赛、这场音乐会或这次演讲之前你是不可能知道的？

这次表现教会了你什么？或者你能从这次表现中学到什么？

第三步：现在你打算怎么做？

将从第二步学到的东西以陈述句、第一人称、现在时以及积极表达的方式来表述，就像第 3 章中阐述的那样。

1._____

2._____

3._____

4._____

5._____

开始努力！为下一次表现做好准备，列出你所需的 3 个最重要的行动。现实一点——在有限的时间里你能做什么？

1._____

2._____

3._____

当你为下一次表现努力做准备时，请锁定最美好的记忆。继续创建你的心理银行账户。想象下一次在聚光灯下时你想要获得的成功。回到你的私人房间，花一些优质时间去看、去听、去感受自己正在经历的成功。

致谢

没有人是一座孤岛，没有一本书仅是一个人思想的产物。本书的产生经过了许多人的努力，受到了许多人的影响，他们都值得被感谢。

首先，我要感谢3个人，他们对本书的付梓起到了重要作用：威廉·莫罗出版社的编辑彼得·哈伯德和他优秀的团队，他动用了所有必要手段（包括我），才促成了这本书的完成；杰出的经纪人丽莎·迪莫纳，因为她本书才得以与读者见面；耐心的自由编辑琳达·卡蓬，她将我那些杂乱无章的想法组织成了市场化的图书。

作为一名运动心理学专家，我要真诚地感谢对我的工作影响最大的5个人。

米勒·布利亚里，宾格利中学的老师兼教练。他让我第一次窥见了思维在表现中的作用，尽管我从未参加过他的任何一支冠军足球队。

已故的鲍勃·莱奥特上校，西点军校 1946 届的学生，也是美国陆军特种部队最早的成员之一。他是我 1971 年在飓风岛拓展训练学校的监管军官，为我展示了如何在挑战和慈悲的引导下生活，是我的人生楷模。

大岛勤先生，第一位在美国任教的空手道大师，也是传统空手道从业者全球网络的领导者。运动心理学的起源可以追溯到战士的心理训练，一直到《薄伽梵歌》，大岛老师就是这种训练鲜活的例子。在这个星球上，没有比他更温暖、更谦逊、更强大的人了，我很荣幸能成为他的黑带学生之一。

我在弗吉尼亚大学的运动心理学导师才是这本书真正的作者。四年来，作为他的研究生助理，鲍勃·罗特拉博士一直关照着我，教我成功心理学是一种个人选择，并向我展示如何指导他人获得成功。我对他感激不尽。

我在弗吉尼亚大学的另一位导师琳达·邦克博士有一天把我拉到她的办公室，问我是否愿意和她一起编辑、更新、重写教科书《应用运动心理学：个人成长与最佳表现》（*Applied Sport Psychology: Personal Growth to Peak Performance*）中关于"建立自信和提高表现的认知技巧"一章。那一章及其后继章节让我开始了对自信这个话题的文学探索。

还有一些人，在我写这本书的时候一直督促着我。马克·麦克劳克林博士，我的长期来访者、朋友和坚定的支持者，几年前的一天他告诉我，"有一本书只有你才能写，内特。"他坚持让我完成它。我亲爱的朋友格里和桑迪·鲁莫尔德常年如一日地支持着我完成书的每一个章节，直至最终写完。远在得克萨斯州的拓展训练伙伴马蒂·阿伦，也一直给予我源源不断的鼓励。

接下来我要感谢与我分享了本书中各种故事的来访者、受训者和学生。如果没有他们的贡献，这本书就缺乏真实性和意义。按照书中故事的呈现顺序，他们分别是：伊莱·曼宁、斯托尼·波蒂斯、吉尔·巴肯、康纳·哈纳菲、马克斯·塔尔博特、金妮·史蒂文斯、约翰·费尔南德斯、鲍比·希尔德、安东尼·斯托拉尔兹、亚历山德拉·罗斯、菲利普·辛普森、冈纳·米勒、凯文·卡普拉、保罗·托茨、杰里·英戈尔斯、丹·布朗、马里奥·巴巴托、玛蒂·伯恩斯、乔·阿尔贝里西、尼克·范达姆、乔纳斯·阿纳扎加斯提、丹尼·布里埃、唐娜·麦卡利尔、汤姆·亨德里克斯、凯莉·卡尔威、乔希·霍尔登、马克·麦克劳克林、罗布·斯沃特伍德、克里斯汀·阿德勒、乔希·理查兹、查德·艾伦、安东尼·兰德尔、道格·夏普，以及罗伯特·布朗上将（已退役）。我衷心感谢每一个人。

我同样要向本有可能出现在本书中的其他上百个来访者、受训者和学生致敬和致谢。我感谢他们所有人，与我分享他们的运动、军事和职业追求。

多年来美国各地允许我训练和指导他们的运动员的教练，请接受我诚挚的感谢。我要感谢汤姆·考夫林、迈克·沙利文、凯文·吉尔布莱特、帕特·舒默、肯·希区柯克、约翰尼·史蒂文斯、彼得·拉维奥莱特、鲍勃·萨顿、杰克·埃默、乔·阿尔贝里西、鲍勃·甘巴德拉、保罗·佩克、道格·凡·埃韦尔、已故的托德·吉尔斯、查克·巴比、乔·赫斯克特、吉姆·波林、拉斯·佩恩、凯文·沃德、布莱恩·莱利、克里斯汀·斯基埃拉，以及韦伯·赖特。

在美国军事学院教授运动心理学并为军校学员服务是我一生的荣幸。我有许多优秀的同事，他们中有现役军人，也有平民，他们中有人直接参与了"绩效心理学项目"，也有人为该项目做了很多支持工作。他们是：桑迪·米勒、珍·舒马赫、凯特·朗肖尔、杰夫·科尔曼、安吉·菲弗、伯尼·霍利戴、戴夫·切兹尼阿克、格雷格·比肖平、达西·施耐克、道格·查德威克、塞斯·尼曼、卡尔·奥尔森、吉姆·诺尔顿、皮特·詹森、特拉维斯·蒂尔曼、格雷格·伯贝罗，皮埃尔·热尔韦、布鲁斯·布雷德洛、乔治·科尔巴里、拉里·珀金斯、杰夫·科尔登、布拉德·斯科特、瑞奇·普莱特、萨德·魏斯曼，以及比尔·麦考密克。然而，任何人都无法否认，我要特别感谢的人是路易斯·索卡，他在西点军校开设了"运动和表现心理学"的新项目，并聘请我来运营。

最后，这是我首先也是最后要感谢的人，感谢与我共度 39 年时光的妻子金，用鲍勃·迪伦的话来说，"无论在夜晚的漆黑中，还是在白昼的阳光下"，她都一直陪伴着我。让我们在金色的田野中漫步吧。